ÖSTERREICHISCHE AKADEMIE DER WISSENSCHAFTEN
MATHEMATISCH-NATURWISSENSCHAFTLICHE KLASSE
DENKSCHRIFTEN, 116. BAND, 2. ABHANDLUNG

H. H. L. BUSARD

DER TRACTATUS PROPORTIONUM VON ALBERT VON SACHSEN

SPRINGER-VERLAG WIEN GMBH 1971

ISBN 978-3-662-24290-2   ISBN 978-3-662-26404-1 (eBook)
DOI 10.1007/978-3-662-26404-1

Softcover reprint of the hardcover 1st edition 1971

Veröffentlichungen der Kommission für Geschichte der Mathematik und der Naturwissenschaften, Heft 9

DER „TRACTATUS PROPORTIONUM"
VON ALBERT VON SACHSEN*)

H. L. L. BUSARD

Herrn Prof. Dr. K. VOGEL zum 80. Geburtstag gewidmet.

Im Traktat *De motu*, der vermutlich zwischen 1187 und 1260 entstanden ist[1]), scheint GERHARD von Brüssel als erster im Abendland eine rein kinematische Analyse der Bewegung in Angriff genommen zu haben. Dieser Traktat wurde später der Ausgangspunkt für den kinematischen Teil des *Tractatus de Proportionibus* von BRADWARDINE aus dem Jahre 1328[2]), worin in expliziter Form die Dynamik von der Kinematik unterschieden wird. Beim Dynamischen wird nach den Ursachen der Bewegungen und Bewegungsänderungen (*tanquam penes causam*) gefragt, d. h. nach den Kräften, die Bewegung hervorrufen, den Widerständen und ihren Wirkungen, beim Kinematischen werden die Bewegungen als solche beschrieben und verglichen (*tanquam penes effectum*). Hier bezieht man sich auf alle drei Kategorien, in denen Bewegung in strengem Sinn möglich ist: Quantität, Qualität und Ort, d. h. auf *augmentatio* und *diminutio*, *alteratio* und *motus localis*. Im ersten Fall wurde die Geschwindigkeit vermittels der Bradwardineschen Funktion gefunden, die Geschwindigkeit im zweiten Fall durch das Quantum der in einer gegebenen Zeitspanne erworbenen „Vollkommenheit", in der sich die Bewegung vollzieht. So die *velocitas augmentationis* bzw. *diminutionis* durch die erworbene bzw. verlorene Quantität, die *velocitas alterationis* durch die gewonnene oder verlorene Qualität, die *velocitas motus localis* durch den zurückgelegten Weg.[3])

Mit diesen Problemen befaßten sich zuerst eingehend die Mitglieder des Merton College in Oxford, deren Aktivität in die Jahre 1328–1350 fällt, vor allem BRADWARDINE im *Tractatus de Proportionibus* von 1328, RICHARD SWINESHEAD im *Liber Calculationum*, WILLIAM HEYTESBURY in den *Regule solvendi sophismata* von 1335 und JOHN DUMBLETON in der *Summa de logicis et naturalis*. Um diese Zeit beginnt sich auch BURIDAN in Paris mit diesen Problemen zu beschäftigen, und zwar in den *Questiones super octo phisicorum libros Aristotelis*, wo die Dynamik im Vordergrund stand. Die berühmtesten BURIDAN-Schüler, deren Aktivität nach 1350 fällt, waren NICOLAUS ORESME mit dem *Tractatus de proportionibus proportionum* und ALBERT von Sachsen mit dem *Tractatus proportionum*. Mit diesem letzten Traktat werden wir uns im folgenden eingehend beschäftigen.

ALBERT von Sachsen (Albertus de Ricmestorp, de Helmstede, de Saxonia oder parvus) wurde um 1316 in Helmstedt oder Ricmestorp geboren. Nach G. HEIDINGSFELDER besteht kein historisches Bedenken „de Ricmestorp" als Familiennamen und Helmstedt als ALBERTS eigentliche Heimat zuzulassen[4]). Über ALBERTS Jugendzeit liegen keine Nachrichten vor;

---

*) Ein Auszug wurde am 21. Oktober 1968 vorgetragen im mathematikgeschichtlichen Kolloquium im Mathematischen Forschungsinstitut Oberwolfach (Schwarzwald).

[1]) M. CLAGETT (1), *The Liber de Motu of Gerard of Brussels and the Origins of Kinematics in the West*, in: *Osiris*, Vol. 12 (1956), S. 73–175; M. CLAGETT (2), *The Science of Mechanics in the Middle Ages*, Madison (1959), S. 185.

[2]) *Thomas of Bradwardine, His Tractatus de proportionibus*, edited and translated by H. LAMAR CROSBY Jr., Madison (1955); M. CLAGETT[1] (2), S. 199.

[3]) M. CLAGETT[1] (2), S. 163, 205; A. MAIER (1), *Die Vorläufer Galileis im 14. Jahrhundert*, Rome (1949), S. 111–112.

[4]) G. HEIDINGSFELDER, *Albert von Sachsen. Sein Lebensgang und sein Kommentar zur Nikomachischen Ethik des Aristoteles*, in: *Beiträge zur Geschichte der Philosophie und Theologie des Mittelalters*, Vol. 22, Heft 3–4, Münster i.W. (1921), S. 5. Siehe auch für sein Leben und Wirken P. DUHEM (1), *Études sur Léonard de Vinci*, Paris (1955), Vol. 1, S. 319–338.

was wir als erste Lebensdaten von ihm wissen, ist nur, daß er am 7. März 1351 unter Magister ALBERT von Böhmen zu Paris determinierte und am 24. Mai 1351 seine Antrittsvorlesung als *magister artium* hielt. Am 27. Januar 1353 wurde er zum „*examinator determinantium*" ernannt und am 20. Juli dieses Jahres als Rektor bezeugt. Zum Amte des Rezeptors wurde er im Jahre 1361 berufen und am 3. November 1362 zum letzten Male in den Pariser Urkunden erwähnt.

Wann ALBERT nach Wien kam, steht nicht fest. Zum ersten Male hören wir von ihm in einem Antwortschreiben des Bischofs JOHANN von Brixen an URBAN V. vom 17. März 1365. Im selben Jahr erfolgte die Ernennung zum ersten Rektor der Wiener Universität durch Designation. Am 21. Oktober 1366 berief ihn URBAN V. auf den Bischofstuhl in Halberstadt, den er 24 Jahre innehatte. ALBERT starb am 8. Juli 1390 und wurde im Halberstädter Dome beigesetzt.

Die Abfassungszeit des *Tractatus proportionum* ist nicht bekannt: man kann nur sagen, daß ALBERT das Traktat sehr wahrscheinlich zwischen dem 27. Januar 1353, dem Tag seiner Ernennung zum *examinator determinantium* (denn als ALBERTUS de Saxonia tritt er uns von dem Tage an entgegen), und 1365, und wahrscheinlich nach seinem Physikkommentar *Questiones in octo libros phisicorum*[5]) verfaßt hat. Inhaltlich bringt die Schrift nicht viel Neues; die Abhandlung zeigt in der mathematischen Einleitung über Verhältnisse, im Abschnitt über die Dynamik und in der Auseinandersetzung über den *motus localis* eine starke Anlehnung an BRADWARDINES *Tractatus de Proportionibus*, sowie an die Ansichten von BURIDAN und ORESME. Die Schrift ist jedoch durch die klare und präzise Zusammenfassung zum Vorbild für spätere Autoren geworden und viel gelesen, zitiert, abgeschrieben und später auch in vielen Ausgaben gedruckt worden. Eine ganze Reihe von Editionen ist bekannt[6]) und wir wissen auch, daß z. B. LEONARDO DA VINCI ALBERTS Traktat studiert und diskutiert hat[7]) und daß um die Mitte des 15. Jahrhunderts in Pavia über den Traktat ALBERTS gelesen wurde[8]).

Betrachten wir nun den Traktat im einzelnen, dann sehen wir, daß sich das mathematische Einleitungskapitel an BRADWARDINES Traktat anlehnt. ALBERT unterscheidet zuerst zwischen einem Verhältnis im allgemeinen und einem im eigentlichen Sinn und erklärt, was unter dem Terminus *univocus* zu verstehen ist. Dann folgt die Definition des Verhältnisses im eigentlichen Sinn als eine Relation zwischen zwei Quantitäten derselben Art[9]) und erklärt im Einklang mit EUKLID X. Def. 1 und 2[10]), was unter kommensurablen und inkommensurablen Quantitäten zu verstehen ist[11]). Zu tieferem Verständnis der Definition irrationaler und rationaler Verhältnisse scheinen BRADWARDINE und ALBERT (im Gegensatz zu ORESME im *Tractatus De proportionibus proportionum*) nicht gekommen zu sein[12]). ALBERT bemerkt, daß ein rationales Verhältnis sowohl zwischen diskreten als auch zwischen konti-

---

[5]) Siehe explicit *Ms. Biblioteca Vaticana, Pal. lat.* 1207; A. MAIER[3] (1), S. 103.

[6]) B. BONCOMPAGNI, *Intorno al Tractatus proportionum*, in: *Bullettino di Bibliografia e di Storia*, Vol. IV (1871), S. 498—511.

[7]) P. DUHEM[4] (1), Vol. 1, S. 22; Vol. 3, S. 92—93. Siehe auch M. CLAGETT[1] (2), S. 661.

[8]) A. MAIER[3] (1), S. 109; M. CLAGETT (3), *Giovanni Marliani and Late Medieval Physics*, New York (1941), S. 138.

[9]) H. CROSBY[2], S. 19, 66, 67.

[10]) CAMPANUS gibt diese Definitionen als X, 1 und X, 2; in der modernen Ausgabe von CL. THAER, *Die Elemente Euklids*, Darmstadt (1962), S. 213, werden sie in einer Definition zusammengefaßt X, Def. 1.: Kommensurabel heißen Größen, die von demselben Maß gemessen werden, und inkommensurabel solche, für die es kein gemeinsames Maß gibt.

[11]) H. CROSBY[2], S. 66, 67; H. L. L. BUSARD, *Nicole Oresme, Quaestiones super Geometriam Euclidis*, Leiden (1961), S. 93.

[12]) E. GRANT (1), *Nicole Oresme, De proportionibus proportionum und Ad pauca respicientes*, Madison (1966), S. 34—35; J. E. MURDOCH, *The Medieval Language of Proportions: Elements of the Interaction with Greek Foundations and the Development of New Mathematical Techniques*, in: *Scientific Change. Symposium on the History of Science*, University of Oxford (1961), S. 258—259.

nuierlichen Quantitäten gefunden wird, ein irrationales nur zwischen kontinuierlichen und daß deshalb die Arithmetik nur rationale, die Geometrie jedoch sowohl rationale wie irrationale Verhältnisse betrachtet eine Bemerkung, die auf CAMPANUS V., Def. 3 zurückgeht[13]).

Nachdem die Definitionen der *proportio aequalitatis, proportio inaequalitatis maioris* und *minoris* gegeben sind, hält ALBERT in dem dann folgenden Abschnitt die Reihenfolge BRADWARDINES nicht ein, geht vielmehr zuerst zum zweiten Teil des ersten Kapitels über, worin die Proportionalität zur Diskussion gestellt wird, und gibt dann die von BRADWARDINE am Ende des ersten Teils behandelten fünf species einer *proportio inaequalitatis maioris*: *multiplex, superparticularis, superparciens, multiplex superparticularis* und *multiplex superparciens*, die schon in der *Einleitung in die Arithmetik* von NICOMACHUS von Gerasa und im Traktat *De institutione arithmetica* von BOETHIUS gefunden werden[14]).

Damit hat ALBERT, was er an mathematischem Wissen voraussetzt, beendet und beginnt den eigentlich physikalischen Teil seines Traktats mit der doppelten Problemstellung: *penes quid attenditur velocitas tanquam penes causam* und *tanquam penes effectum*, und der wesentlichen Voraussetzung, daß keine Bewegung aus einer *proportio aequalitatis* oder *minoris inaequalitatis* entstehen kann, einer Voraussetzung, die auch von BURIDAN gemacht worden ist[15]).

Dann folgen 4 Konklusionen, von denen nur die vierte die richtige ist:

1. Die Änderung der Geschwindigkeit wird nach der Änderung der Kräfte gemessen, denn die halbe Kraft bewegt das ganze *mobile* mit der halben Geschwindigkeit, wie sich aus der Definition ergibt, die ARISTOTELES in Phys. VI, 2. 232 a. 25—29 vom „Schnelleren" und „Langsameren" gibt[16]). Aber dies stimmt nicht, weil daraus folgen würde, daß auch aus der *proportio aequalitatis* oder *inaequalitatis minoris* eine Bewegung entstehen könnte.

2. Die Änderung der Geschwindigkeit wird nach der Änderung der Widerstände gemessen. Auch diese Konklusion ist falsch, denn in dieser Lösung ist nicht berücksichtigt, daß die Kraft immer größer als der Widerstand sein muß. Wenn z. B. eine gegebene Kraft ein gegebenes *mobile* mit einer gewissen Geschwindigkeit bewegt, und die gleiche Kraft ein anderes *mobile* zweimal so langsam bewegt, dann wird dieses *mobile* entweder zweimal so groß sein oder in einem anderen Verhältnis zum gegebenen *mobile* stehen. Falls das letztere der Fall ist, ist das gegen diese Konklusion, und wenn das erstere der Fall ist, würde eine Bewegung aus einer *proportio aequalitatis* entstehen können, wenn die gegebene Kraft zweimal so groß wie der gegebene Widerstand ist. Beide Konklusionen werden von BRADWARDINE als die dritte *opinio erronea* gegeben[17]).

3. Das Verhältnis der Geschwindigkeiten soll durch das Verhältnis der Differenzen bestimmt werden (die erste irrige Lehre bei BRADWARDINE[18])) oder $V_2/V_1 = (F_2-R_2)/(F_1-R_1)$. Auch diese Auffassung scheidet aus, weil nach ARISTOTELES, Phys. VII, 5. 250 a 4—6 die halbe Kraft das halbe *mobile* mit derselben Geschwindigkeit wie die ganze Kraft das ganze *mobile* bewegt. Eine Kraft 4 z. B. würde dann ein *mobile* 2 nicht mit derselben Geschwindigkeit bewegen wie eine Kraft 2 ein *mobile* 1, und auch die Erfahrung lehrt, daß die Geschwindigkeit eines Schiffes, zusätzlich von einem zweiten Manne gezogen, verhältnismäßig erheblich mehr zunimmt als eines von 1000 Männern gezogen, wenn ein Mann dazukommt[19]).

---

[13]) H. CROSBY[2], S. 66, 67; H. BUSARD[11], S. 101.
[14]) Siehe hierüber Näheres bei H. CROSBY[2], S. 22—27; E. GRANT[12] (1), S. 347—349.
[15]) A. MAIER[3] (1), S. 84, 99; H. CROSBY[2], S. 114—115; M. CLAGETT[1] (2), S. 437.
[16]) M. CLAGETT[1] (2), S. 176—178; E. GRANT[12] (1), S. 370; H. BUSARD[11], S. 129; M. CLAGETT[8] (3), S. 107.
[17]) H. CROSBY[2], S. 94—105; A. MAIER[3] (1), S. 88—89; A. MAIER (2), *Ausgehendes Mittelalter*, Rome (1964), S. 443; E. GRANT[12] (1), S. 16—21, 43—47, 368—370; M. CLAGETT[1] (2), S. 474.
[18]) H. CROSBY[2], S. 32—34, 86—93; M. CLAGETT[1] (2), S. 472—473; A. MAIER (3), *Zwischen Philosophie und Mechanik*, Rome (1958), S. 242; A. MAIER[3] (1), S. 103.
[19]) E. GRANT[12] (1), S. 308; E. GRANT (2), *Aristotle's restriction on his law of motion*, in: *Mélanges Alexandre Koyré: L'Aventure de la Science*, Paris (1964), S. 197.

4. Die richtige Lösung lautet: Die Änderung der Geschwindigkeit wird durch die Änderung des Quotienten aus Kraft und Widerstand gemessen (= BRADWARDINE Kapitel III). Zuerst folgen einige *dubia*, die sich nicht bei BRADWARDINE finden, und eine Reihe von *correlaria*, in denen Kritik an den Aristotelischen Regeln geübt wird.

1. Die Intelligenz, welche die Himmelssphären bewegt, bewegt sie mit einer gewissen Geschwindigkeit, ohne daß es ein Verhältnis von Kraft und Widerstand gibt: denn diese Bewegung vollzieht sich ohne Widerstand[20]).

Die Lösung dieses Zweifels beruht auf der willensmäßigen Natur des Himmelsbewegers, denn bei der Himmelsbewegung handelt es sich nicht um *virtutes motivae naturales*, die ein Bewegungsziel, sondern um *virtutes motivae voluntareae*, welche die Bewegung als solche anstreben, *intellectu et voluntate* wirken und darum so schnell sie wollen bewegen und nicht so schnell sie können[21]).

2. Wenn SOCRATES einen Stein über eine gewisse Strecke werfen kann, dann könnte er den halben Stein über eine zweimal so große Strecke werfen, usw. in infinitum.

Widerlegung: Der Widerstand, den der Stein leistet, ist nur ein Teil des totalen Widerstands, worüber in der Konklusion gesprochen wird: denn unter anderen muß auch der Reibungswiderstand des Mediums in Betracht gezogen werden[22]).

3. Das Verhältnis von Wärme und Kälte bleibt sich gleich ohne Rücksicht darauf, ob die Energieträger entfernt sind oder nicht, und doch wirkt die Wärme schneller auf eine Kälte ein, die nahe ist, als auf eine, die entfernt ist, und deshalb entsteht die Geschwindigkeit nicht aus einem gleichen Verhältnis von Kraft und Widerstand.

Widerlegung: Es gibt weder eine gleiche *applicatio*[23]) der Wärme noch ein gleiches Verhältnis zwischen der totalen *potentia motiva* und dem totalen Widerstand: denn die *applicatio* ist Teil der *potentia motiva*, und die Entfernung ist Teil des Widerstandes.

4. In einem gleichförmigen Medium wird die Fallbewegung eines *grave* mit wachsendem Abstand vom Ausgangspunkt schneller, und doch gibt es kein größeres Verhältnis, weil ein gleichförmiger Widerstand vorausgesetzt ist.

Widerlegung: Das Verhältnis zwischen der totalen *potentia motiva* und dem Widerstand ist am Ende nicht so groß wie am Anfang: denn der Widerstand ändert sich nicht: hingegen nimmt die *potentia motiva* zu wegen des *impetus acquisitus*, der zusammen mit der ursprünglichen *potentia motiva*, d. h. der *gravitas*, den Stein am Ende schneller bewegen wird.

ALBERT wendet hier die Impetustheorie, worin er überwiegend BURIDAN folgt, auf das Problem der Fallbeschleunigung an und nimmt mit BURIDAN an, daß sich die ursprüngliche *gravitas* und der *impetus*, dem sie als einzige eine Qualität permanenter Natur zugeschrieben haben, addieren, wodurch die bewegende Kraft und infolgedessen auch die Geschwindigkeit ständig wächst. Die Anwendung des Terminus technicus *impetus*, den BURIDAN als erster gebraucht zu haben scheint[24]), deutet auch auf späteres Entstehen des *Tractatus proportionum* hinsichtlich des Physikkommentars: denn in letzterem wird dieser Ausdruck vermieden. Es ist nur die Rede von *virtus* oder *qualitas motiva*[25]).

---

[20]) A. MAIER³ (1), S. 147; A. MAIER¹⁸ (3), S. 192; E. GRANT¹² (1), S. 53; M. CLAGETT¹ (2), S. 525, 536.

[21]) Siehe hierüber Näheres bei A. MAIER¹⁸ (3), Kap. IV: Himmelsmechanik und allgemeine Bewegungsgesetze; A. MAIER¹⁷ (2), S. 371; A. MAIER (4), *Metaphysische Hintergründe der spätscholastischen Naturphilosophie*, Rome (1955), S. 279.

[22]) A. MAIER¹⁸ (3), S. 172.

[23]) Siehe für den Terminus *applicatio* A. MAIER¹⁸ (3), S. 171–172; A. MAIER¹⁷ (2), S. 367.

[24]) A. MAIER³ (1), S. 136.

[25]) Siehe für die scholastische Impetustheorie A. MAIER³ (1), S. 139; A. MAIER¹⁷ (2), S. 353–379; A. MAIER¹⁸ (3), S. 341–373; A. MAIER²¹ (4), S. 363; A. MAIER (5), *Zwei Grundprobleme der scholastischen Naturphilosophie*, Rome (1951), S. 259–270; A. MAIER (6), *An der Grenze von Scholastik und Naturwissenschaft*, Rome (1952), S. 175, 206–208; M. CLAGETT¹ (2), S. 566; E. BORCHERT, *Die Lehre von der Bewegung bei Nicolaus Oresme*, in: Beiträge zur Geschichte der Philosophie und Theologie des Mittelalters, Band XXXI, Heft 3, Münster i.W. (1934), S. 43–45; P. DUHEM⁴ (1), Vol. 3, S. 92, 104; P. DUHEM (2) *Le Système du Monde*, Paris (1958), Vol. VIII, S. 290, Vol. X, S. 432.

5. Das nämliche *grave* fällt im nämlichen Medium bald schneller bald langsamer je nach der *figura*, und doch scheint es nicht in einem anderen Verhältnis zu seinem Widerstand zu stehen.

Widerlegung: Schon unter 3. hat ALBERT erwähnt, daß die *applicatio* eine *pars potentiae motivae* ist. Die Widerlegung dieses Zweifels beruht nun darauf, daß je nach der Form des Steines die *applicatio* von ihm auf den Widerstand, d. h. das Medium, sich ändert, ebenso das Verhältnis zwischen der totalen *potentia motiva* und dem Widerstand, während das Verhältnis zwischen Stein und Widerstand unverändert bleibt[26]).

6. Nach EUKLID V., Def. 3 sind im strengen Sinn nur *homogenea* vergleichbar, d. h. Größen *eiusdem generis*, und die *potentia motiva* und der Widerstand gelten nicht als solche. Widerlegung: Im strengen Sinn sind Qualitäten wie Wärme und Kälte nicht vergleichbar, sie können jedoch hinsichtlich ihrer Intensität verglichen werden[27]).

7. Ein *passum* reagiert in einem *agens* und hat zu ihm ein Verhältnis *minoris inaequalitatis*, das nicht mit einem Verhältnis *maioris inaequalitatis* vergleichbar ist, und deshalb sind die Geschwindigkeiten nicht vergleichbar.

Widerlegung: Dies beruht auf der Annahme einer direkten Reaktion, wie sie von BURIDAN und seinen Schüler angenommen worden war auf Grund der folgenden Voraussetzung: Die Aktions- und Reaktionsfähigkeiten einer gegebenen Qualität sind nicht gleich groß, sondern je stärker die eine ist, desto schwächer ist die andere. Eine Wärme, die z. B. eine *activitas ut* 8 hat, reagiert mit der Stärke 2, umgekehrt wirkt eine Kälte, die etwa eine *actio ut* 6 hervorbringt, mit der Kraft 4 zurück. Die Geschwindigkeit entsteht also in beiden Fällen aus einem Verhältnis *maioris inaequalitatis*[28]).

Nun folgen einige Voraussetzungen ohne Beweis:[29])

1. Die sogenannte Regel vom *medium interpositum* oder *media interposita*. Sie läßt sich in moderner Zeichenschrift so schreiben: $a/c = a/b \cdot b/c$ oder $a/n = a/b \cdot b/c \cdot c/d \ldots m/n$, d. h. ein gegebenes Verhältnis läßt sich in beliebiger Weise in Komponenten zerlegen[30]). Diese Voraussetzung findet sich schon im Traktat *De proportionibus* des JORDANUS NEMORARIUS; von dort hat sie BRADWARDINE übernommen[31]).

2. Wenn ein Verhältnis aus zwei gleichen Verhältnissen zusammengesetzt ist, enthält dieses jedes der zwei gleichen Verhältnisse „zweimal", und wenn sie aus drei gleichen zusammengesetzt ist, „dreimal" usw., d. h. in moderner Zeichenschrift: wenn $a/b = b/c$, dann ist $a/c = (a/b)^2 = (b/c)^2$; oder wenn $a/b = b/c = c/d$, dann ist $a/d = (a/b)^3 = (b/c)^3 = (c/d)^3$ [32]).

3. Diese Voraussetzung läßt sich so in moderner Zeichenschrift schreiben: wenn $a/c = a/b \cdot b/c$ und $a/b > b/c$ ist, dann ist $a/c < (a/b)^2$ und $a/c > (b/c)^2$.

Die Redaktion dieser Voraussetzung ist nicht ganz genau, weil ALBERT von mehreren Verhältnissen spricht und die Behauptung nur für zwei ungleiche gilt. ORESME gibt diese Regel im Traktat *De proportionibus proportionum* besser wieder: *Secunda suppositio. Proportio composita ex maiore et minore est minor quam dupla maioris et est maior quam dupla minoris. Hoc est generaliter verum de qualibet quantitate*[33]). Auch im *Tractatus de Proportionibus* von BRADWARDINE findet sich diese Regel, jedoch nur für die Spezialfälle: wenn $a < 2b$ und

---

[26]) A. MAIER[17] (2), S. 367; A. MAIER[25] (6), S. 207, 326; H. BUSARD[11], S. 110, 115.
[27]) A. MAIER[3] (1), S. 94; A. MAIER[18] (3), S. 241; H. BUSARD[11], S. 110, 115.
[28]) A. MAIER[3] (1), S. 73—78; M. CLAGETT[8] (3), S. 46.
[29]) *Tertia pars, Capituli primi Bradwardines*, H. CROSBY[2], S. 76—85.
[30]) H. CROSBY[2], S. 28—30; 76—77; A. MAIER[3] (1), S. 90—91; A. MAIER[25] (6), S. 263; M. CLAGETT[1] (2), S. 468.
[31]) E. GRANT[12] (1), S. 21—22.
[32]) E. GRANT[12] (1), S. 23; M. CLAGETT[1] (2), S. 468; M. CLAGETT[8] (3), S. 132.
[33]) E. GRANT[12] (1), S. 262.

$b = 2c$, dann ist $a/c > (a/b)^2$ (*Theorema* V), und wenn $a > 2b$ und $b = 2c$, dann ist $a/c < (a/b)^2$ (*Theorema* III)[34].

Nach diesen Voraussetzungen folgen die Konklusionen:

1. Wenn eine Kraft a ein *mobile* b mit einer gewissen Geschwindigkeit bewegt, dann kann a ein *mobile* $c = \frac{1}{2} b$ zweimal so schnell bewegen, aber notwendig ist das nicht.

Beweis: Sei $a = 6$, $b = 4$ und $c = 2$, dann ist $a/c = a/b \cdot b/c$ (Voraussetzung 1) und $a/b < b/c$, deshalb ist nach der 3. Voraussetzung $a/c > (a/b)^2$ und nach der 4. Konklusion die Geschwindigkeit, womit a c bewegt, größer als zweimal die, womit a b bewegt[35]).

2. Wenn eine Kraft a ein *mobile* b mit einer gewissen Geschwindigkeit bewegt, dann kann $2a$ dasselbe *mobile* b zweimal so schnell bewegen, aber notwendig ist das nicht.

Beweis: Sei $a = 4$, $b = 3$ und $c = 2a = 8$, dann ist $c/b = c/a \cdot a/b$ (Voraussetzung 1) und $c/a > a/b$, deshalb ist nach der 3. Voraussetzung $c/b > (a/b)^2$ und nach der 4. Konklusion die Geschwindigkeit, womit c b bewegt, größer als zweimal die, womit a b bewegt[36]). Dann wird noch (wie bei ORESME) die Vermutung ausgesprochen, daß die überlieferte Form der aristotelischen Regeln auf einen Übersetzersfehler zurückzuführen sei[37]).

3. Wenn das Verhältnis zwischen Kraft a und Widerstand b gleich 2 : 1 ist, dann wird a $c = \frac{1}{2} b$ mit einer zweimal so großen Geschwindigkeit bewegen.

Beweis: Sei $a = 4$; $b = 2$ und $c = 1$, dann ist $a/c = a/b \cdot b/c$ (Voraussetzung 1) und $a/b = b/c$, deshalb ist nach der 2. Voraussetzung $a/c = (a/b)^2$ und nach der 4. Konklusion die Geschwindigkeit, womit a c bewegt, genau zweimal die, womit a b bewegt[38]). (BRADWARDINE, *Theorema* III)

4. Wenn das Verhältnis zwischen Kraft a und Widerstand b gleich 2 : 1 ist, dann wird $c = 2a$ dasselbe *mobile* b mit einer zweimal so großen Geschwindigkeit bewegen.

Beweis: Sei $a = 4$; $b = 2$ und $c = 8$, dann ist $c/b = c/a \cdot a/b$ und $c/a = a/b$, deshalb ist nach der 2. Voraussetzung $c/b = (a/b)^2$ und nach der 4. Konklusion die Geschwindigkeit, womit c b bewegt, genau zweimal die, womit a b bewegt[39]). (BRADWARDINE, *Theorema* II)

5. Wenn eine Kraft ein *mobile* mit einer gewissen Geschwindigkeit bewegt, wird die halbe Kraft das halbe *mobile* mit gleicher Geschwindigkeit bewegen.

Beweis: Das Verhältnis zwischen der halben Kraft und dem halben Widerstand ist gleich dem zwischen der ganzen Kraft und dem ganzen Widerstand[40]).

6. Wenn das Verhältnis zwischen Kraft a und Widerstand b größer als 2 : 1 ist, wird a $c (= \frac{1}{2} b)$ mit einer Geschwindigkeit bewegen, die kleiner ist als zweimal die Geschwindigkeit, womit a b bewegt.

Beweis: Sei $a = 6$, $b = 2$ und $c = 1$, dann ist $a/c = a/b \cdot b/c$ und $a/b > b/c$; deshalb ist $a/c < (a/b)^2$ und die Geschwindigkeit, womit a c bewegt, kleiner als zweimal die Geschwindigkeit, womit a b bewegt[41]). (BRADWARDINE, *Theorema* V)

7. Wenn das Verhältnis zwischen Kraft a und Widerstand b kleiner ist als 2 : 1, wird a $c (= \frac{1}{2} b)$ mit einer Geschwindigkeit bewegen, die größer als zweimal die Geschwindigkeit ist, womit a b bewegt.

Beweis: Sei $a = 6$, $b = 4$ und $c = 2$, dann ist $a/c = a/b \cdot b/c$ und $a/b < b/c$: deshalb ist $a/c > (a/b)^2$ und die Geschwindigkeit, womit a c bewegt, größer als zweimal die Geschwindigkeit, womit a b bewegt[42]). (BRADWARDINE, *Theorema* VII)

---

[34]) H. CROSBY[2], S. 29, 78—81; E. GRANT[12] (1), S. 364; M. CLAGETT[8] (3), S. 134.
[35]) E. GRANT[12] (1), S. 268—271.
[36]) E. GRANT[12] (1), S. 268—271.
[37]) A. MAIER[3] (1), S. 102; E. GRANT[12] (1), S. 274—275.
[38]) H. CROSBY[2], S. 112—113; M. CLAGETT[1] (2), S. 491.
[39]) H. CROSBY[2], S. 112—113; M. CLAGETT[1] (2), S. 490.
[40]) Die Hinzufügung im Text: Das Verhältnis zwischen Kraft und Widerstand muß 2 : 1 sein, ist überflüssig.
[41]) H. CROSBY[2], S. 112—113; M. CLAGETT[1] (2), S. 491.
[42]) H. CROSBY[2], S. 112—113; M. CLAGETT[1] (2), S. 492.

8. Wenn das Verhältnis zwischen Kraft a und Widerstand b größer ist als 2:1, dann wird c ($= 2\,a$) b mit einer Geschwindigkeit bewegen, die kleiner ist als zweimal die Geschwindigkeit, womit $a\ b$ bewegt.

Beweis: Sei $a = 6$, $b = 2$ und $c = 12$, dann ist $c/b = c/a \cdot a/b$ und $a/b > c/a$: deshalb ist $c/b < (a/b)^2$ und die Geschwindigkeit, womit $c\ b$ bewegt, kleiner als zweimal die Geschwindigkeit, womit $a\ b$ bewegt[43]. (BRADWARDINE, Theorema IV)

9. Wenn das Verhältnis zwischen Kraft a und Widerstand b kleiner ist als 2:1, dann wird c ($= 2\,a$) b mit einer Geschwindigkeit bewegen, die größer ist als zweimal die Geschwindigkeit, womit $a\ b$ bewegt.

Beweis: Sei $a = 4$, $b = 3$ und c ($= 2\,a$) $= 8$, dann ist $c/b = c/a \cdot a/b$ und $a/b < c/a$: deshalb ist $c/b > (a/b)^2$ und die Geschwindigkeit, womit $c\ b$ bewegt, größer als zweimal die, womit $a\ b$ bewegt[44]. (BRADWARDINE, Theorema VI)

10. Wenn die Kräfte a bzw. b die *mobilia* c bzw. d mit gleichen Geschwindigkeiten bewegen, werden a und b zusammengesetzt die *mobilia* c und d zusammengesetzt mit den gleichen Geschwindigkeit bewegen.

Beweis: Wenn $a/c = b/d$, dann gilt auch $(a + b) / (c + d) = a/c = b/d$, und deshalb bewegen sie zusammengesetzt die zwei zusammengesetzten *mobilia* mit der gleichen Geschwindigkeit[45]. Gegen diese Konklusion kann folgender Einwand gemacht werden: wenn eine *gravitas* bzw. eine *levitas* ihre *mobilia* mit der gleichen Geschwindigkeit bewegen, sollten sie auch zusammengesetzt die zusammengesetzten *mobilia* mit der gleichen Geschwindigkeit bewegen. Das trifft nicht zu: denn die Konklusion gilt nur für Kräfte und *mobilia eiusdem generis*, und für die Scholastik gelten die *gravitas* und *levitas* als zwei verschiedenartige Qualitäten[46].

11. Wenn $a\ c$ mit einer gewissen Geschwindigkeit und $b\ d$ mit einer davon verschiedenen Geschwindigkeit bewegt, dann bewegen a und b zusammengesetzt c und d zusammengesetzt mit einer Geschwindigkeit, die größer ist als die eine und kleiner als die andere. Es wird nur folgendes Zahlenbeispiel gegeben: Sei $a = 6$ und sein *mobile* $c = 3$; $b = 4$ und sein *mobile* $d = 3$, dann ist $a + b = 10$ und $c + d = 6$ und $2 > 10/6 > 4/3$.

Nun folgt der kinematische Teil des Traktats. Zuerst wird nach der Geschwindigkeit der lokalen Bewegung gefragt. Die folgenden Konklusionen werden gegeben:

1. Die Geschwindigkeit einer lokalen Bewegung ist gleich dem in einer gewissen Zeit zurückgelegten Weg.

Für den Beweis weist ALBERT hin auf die in *Phys.* VI, 2. 232 a. 25—29 von ARISTOTELES gegebene Definition vom Begriff des „Schnellerer": das, was in der gleichen Zeit mehr vom Weg zurücklegt oder in weniger Zeit den gleichen oder mehr, bewegt sich schneller[47].

2. Die Geschwindigkeit einer lokalen Bewegung wird nicht nach dem in einer gewissen Zeit zurückgelegten dreidimensionalen Raum gemessen.

Denn wenn dem so wäre, würde der ganze Körper zweimal so schnell bewogen werden wie seine Hälfte[48]. (BRADWARDINE, Theorema I)

3. Die Geschwindigkeit einer lokalen Bewegung wird auch nicht nach der in einer gewissen Zeit beschriebenen Fläche gemessen.

---

[43]) H. CROSBY², S. 112—113; M. CLAGETT¹ (2), S. 491.
[44]) H. CROSBY², S. 112—113; M. CLAGETT¹ (2), S. 491.
[45]) Diese Konklusion wird in dem Physikkommentar ALBERTS als eine aristotelische Regel gegeben (P. DUHEM²⁵ (2), Vol. VIII, S. 109).
[46]) A. MAIER²⁶ (6), S. 151.
[47]) M. CLAGETT¹ (2), S. 176—178; E. GRANT¹² (1), S. 370; H. BUSARD¹¹, S. 129.
[48]) H. CROSBY², S. 46, 128—129; M. CLAGETT¹ (2), S. 220.

Diese Konklusion wird entsprechend bewiesen[49]). (BRADWARDINE, *Theorema* II)

4. Bleibt, daß die Geschwindigkeit einer lokalen Bewegung nach der in einer gewissen Zeit beschriebenen Linie gemessen wird, denn es gibt nur diese drei Möglichkeiten[50]). (BRADWARDINE, *Theorema* IV)

5. Die Geschwindigkeit einer lokalen Bewegung wird nicht nach dem ganzen Weg zwischen dem *terminus a quo* und *ad quem* gemessen, d. h. zwischen dem Punkt, wovon ein Körper bewegt wird, *terminus a quo*, und dem Punkt, wohin er bewegt wird, *terminus ad quem*.

Beweis: Man hat zwei Balken, von denen der eine dreimal so groß wie der andere ist. Sie berühren an einem Ende eine Mauer und werden zu einer anderen Mauer hin bewegt, sodaß sie diese gleichzeitig mit den anderen Ende berühren. Alsdann hätten die Balken den gleichen Weg zwischen dem *terminus a quo* und *ad quem* beschrieben, und dennoch sagen wir nicht *ex communi modo loquendi*, daß sie gleich schnell bewegt worden sind, vielmehr, daß der kleinere schneller, der größere langsamer bewegt worden ist[51]).

6. Die Geschwindigkeit einer lokalen Bewegung wird nicht nach dem vom schnellsten Punkt zurückgelegten Weg gemessen.

Ist *a b c* ein Körper, der bewegt wird, und bleiben die Punkte *a* und *c* während der Bewegung gleich weit von einander entfernt, dann kann man nicht sagen, daß sich der ganze Körper schneller bewegt, weil sich *b* während der Bewegung an *c* annähert.

Noch ein zweites Beispiel wird gegeben: Wenn SOCRATES und PLATO eine gewisse Entfernung gleichzeitig durchlaufen und SOCRATES gegen Ende der Bewegung seinen Arm streckt, dann wird doch *ex communi modo loquendi* gesagt, daß sich SOCRATES und PLATO mit gleicher Geschwindigkeit bewegt haben, obgleich sich ein Punkt von SOCRATES mit größerer Geschwindigkeit bewegt hat[52]).

ALBERT entscheidet sich hier für die von ORESME im Traktat *De configurationibus qualitatum* oder *Quaestiones super geometriam Euclidis* vertretene Ansicht gegen die von z. B. HEYTESBURY, der sich für den vom schnellsten Punkt zurückgelegten Weg entschieden hat[53]).

7. Die Geschwindigkeit einer geradlinigen lokalen Bewegung wird nach der wahren oder imaginären Linie gemessen, die in einer gewissen Zeit durch den mittleren oder einen damit äquivalenten Punkt beschrieben wird. Ich sage „oder einen damit äquivalenten Punkt", weil der mittlere Punkt bei einer *rarefactio* oder *condensatio* nicht derselbe bleibt.

Beweis: Die Geschwindigkeit wird nach dem zurückgelegten linearen Weg gemessen (Konklusion 4), aber nicht nach dem zwischen dem *terminus a quo* und *ad quem* (Konklusion 5), und auch nicht nach dem vom schnellsten Punkt zurückgelegten Weg (Konklusion 6): bleibt nur nach dem vom mittleren Punkt zurückgelegten Weg[54]).

Einwand: Falls dies so wäre, sollte die Konsequenz sein: wenn zwei *gravia* gleich weit vom Zentrum entfernt wären und in gleicher Zeit zum Zentrum herabfallen würden, das eine längs einer geraden Linie, z. B. einer Sehne, das andere längs einer krummen Linie, z. B. den dazugehörenden Bogen, dann beschreiben die zwei *mobilia* in gleicher Zeit ungleiche Linien und bewegen sich dennoch gleich schnell, weil sie gleich schnell herabfallen.

Antwort: Die zwei *mobilia* bewegen sich nicht gleich schnell: denn das *mobile* entlang des Bogens bewegt sich schneller als das entlang der Sehne. Und wenn gesagt wird, daß sie gleich schnell herabfallen, stimme ich dem zu, aber ich verneine die Konsequenz, daß sie sich denn auch gleich schnell bewegen, denn „Herabfallen" (*descendere*) und „Bewegen"

---

[49]) H. CROSBY[2], S. 128—129; M. CLAGETT[1] (2), S. 220.
[50]) H. CROSBY[2], S. 130—131; M. CLAGETT[1] (2), S. 221.
[51]) M. CLAGETT[1] (2), S. 447; P. DUHEM[4] (1), Vol. 3, S. 212.
[52]) C. WILSON, *William Heytesbury: Medieval Logic and the Rise of Mathematical Physics*, Madison (1956), S. 121.
[53]) M. CLAGETT[1] (2), S. 442; A. MAIER[25] (6), S. 284; C. WILSON[52], S. 117; H. BUSARD[11], S. 129, 137.
[54]) P. DUHEM[4] (1), Vol. 3, S. 304; P. DUHEM[25] (2), Vol. VII, S. 476.

(*movere*) ist nicht das gleiche, und das Herabfallen wird auf eine und das Bewegen auf eine andere Weise gemessen[55]).

8. Die Geschwindigkeit beim Herabfallen wird nach der Annäherung des *mobile* an das Zentrum gemessen, die vom mittleren oder äquivalenten Punkt in einer bestimmten Zeit beschrieben wird. Weil die Annäherung nach dem linearen Raum gemessen wird und dieser eine gerade Linie ist, ergibt sich, daß das Herabfallen eines *mobile* immer längs einer geraden Linie gemessen werden muß, ob nun das *mobile* längs einer geraden oder einer ungeraden Linie herabfällt.

Beweis: *ex communi modo loquendi* wird gesagt, daß ein *grave* so weit vom Zentrum entfernt ist, wie sein mittlerer Punkt davon entfernt ist, wobei die Entfernung längs des kürzesten Weges, d. h. einer Geraden, genommen wird. Und wenn dies der Fall ist, dann muß ein schnelleres oder langsameres Herabfallen offenbar auch nach einer größeren oder kleineren Annäherung des mittleren oder äquivalenten Punktes in einer bestimmten Zeit gemessen werden. Und hieraus ergibt sich, daß zwei *mobilia* gleich schnell herabfallen und sich ungleich schnell bewegen. Und dasselbe kann auch vom Aufsteigen gesagt werden[56]).

Nun folgt der Abschnitt über die kreisförmige Bewegung.

Konklusion 1: Die Geschwindigkeit einer kreisförmigen Bewegung wird nach dem in einer gewissen Zeit zurückgelegten Weg gemessen.

Konklusion 2: Diese Geschwindigkeit wird nicht nach dem beschriebenen dreidimensionalen Raum gemessen.

Konklusion 3: Und auch nicht nach der beschriebenen Fläche.

Diese 3 Konklusionen werden in der gleichen Weise bewiesen wie bei der geradlinigen lokalen Bewegung.

Konklusion 4: Die Geschwindigkeit wird nach dem linearen Raum gemessen.

Konklusion 5: Die Geschwindigkeit wird nicht nach dem linearen Raum gemessen, der vom mittleren Punkt des Radius des *mobile* beschrieben wird, wie es eine Meinung will[57]).

Beweis: Ein *mobile* könnte sich dann so bewegen, daß der mittlere Punkt des Radius sich nicht im Körper befindet, wie es bei einer kreisförmig sich bewegenden Kugel (gemeint ist eine Kugelschale) der Fall ist, denn es ist unwahrscheinlich, daß die Geschwindigkeit eines *mobile* nach dem Raum gemessen werden muß, der von einem Punkt außerhalb des Körpers beschrieben wird.

Konklusion 6: Die Geschwindigkeit wird auch nicht gemessen nach dem linearen Raum, beschrieben vom Punkt, der mitten zwischen der konkaven und konvexen Oberfläche (d. h. der inneren und äußeren Oberfläche einer Kugelschale) liegt, wie es auch eine Meinung gibt[58]).

Denn wenn das der Fall wäre, würde folgen: wenn eine Kondensation eines kugelförmigen Körper nach der konvexen Oberfläche hin stattfindet, während die konvexe Oberfläche nicht vom Zentrum zurückweicht, würde sich der kugelförmige Körper schneller bewegen, und das ist unlogisch.

Die Konsequenz (daß der Körper sich schneller bewegen würde) ergibt sich hieraus, daß durch eine solche Kondensation der Punkt mitten zwischen der konkaven und konvexen Oberfläche weiter vom Zentrum entfernt genommen werden müßte, und daß deshalb ein größerer linearer Raum durch einen solchen mittleren Punkt beschrieben würde und sich folglich der Körper auch schneller bewegen würde.

---

[55]) Dies wird in der 8. Konklusion näher erklärt.
[56]) Derselbe Unterschied zwischen *movere* und *descendere* wurde auch von ORESME im *Tractatus De configurationibus qualitatum* gemacht: A. MAIER[25] (6), S. 318; M. CLAGETT[1] (2), S. 356.
[57]) P. DUHEM[4] (1), Vol. 3, S. 305.
[58]) P. DUHEM[4] (1), Vol. 3, S. 305.

Auch würde folgen: wenn die *rarefactio* (= Verdünnung) eines kugelförmigen Körper auf solche Weise stattfindet, daß die konkave Oberfläche sich dem Zentrum nähert, ohne daß die konvexe sich ändert, würde sich der Körper langsamer bewegen, weil der mittlere Punkt zwischen der konkaven und konvexen Oberfläche weniger weit vom Zentrum genommen werden müßte und folglich eine kleinere Peripherie beschreiben würde.

Konklusion 7: Die Geschwindigkeit wird nach dem wahren oder imaginären linearen Raum gemessen, der in einer bestimmten Zeit durch den sich am schnellsten bewegenden Punkt beschrieben wird.

Denn ein *mobile* bewegt sich so schnell wie einer seiner Teile, wie sich *ex communi modo loquendi* ergibt, aber wir müssen seine Geschwindigkeit nach dem wahren oder imaginären linearen Raum messen, beschrieben durch den sich am schnellsten bewegenden Punkt. Denn die Geschwindigkeit wird nicht gemessen nach dem linearen Raum, beschrieben durch den sich am langsamsten bewegenden Punkt, weil wir nicht sagen, daß ein *mobile* sich so langsam bewegt wie einer seiner Teile, und auch nicht nach dem linearen Raum beschrieben durch den sich bewegenden mittleren Punkt: bleibt nur nach dem linearen Raum beschrieben durch den sich am schnellsten bewegenden Punkt. Und ich sage nachdrücklich „den wahren oder imaginären Raum" wegen der äußersten Sphäre, die nur einen imaginären Raum beschreibt[59]). Aus der Konklusion folgt, daß das Haupt eines Menschen sich schneller bewegt als seine Füße, weil es einen größeren Kreis um die Erde beschreibt.

Was diese Konklusion anbetrifft, könnte jemand noch folgenden Zweifel vorbringen: wenn die Konklusion richtig wäre, würde daraus folgen: wenn man ein langes Stück Holz zu einem Rad hinzufügt, würde sich das Rad schneller bewegen, was falsch ist. Hierauf wird geantwortet, daß die Konklusion in Bezug auf die Bewegung eines völlig kugelförmigen Körpers zu verstehen ist, und so ist es eben im oben erwähnten Fall nicht.

Diese Auseinandersetzung über den *motus circularis* findet sich auch in den *Quaestiones in libros physicorum Alberti de Saxonia* und ist ausführlich von M. CLAGETT besprochen worden, weshalb ich für eine nähere Erklärung auf die Erörterung CLAGETTS verweise[60]).

Zweitens: Wenn es zwei Potenzen gibt, die zu zwei kugelförmigen *mobilia* im nämlichen Verhältnis stehen und sie kreisförmig bewegen, und wenn eines der *mobilia* größer als das andere ist, frage ich, ob die zwei Potenzen die zwei *mobilia* in der gleichen Zeit herumführen (= *revolvere*) oder nicht. Wenn ja, dann würden aus gleichen Verhältnissen ungleiche Geschwindigkeiten hervorgehen, denn die Potenz, die das größere *mobile* herumführt, scheint es schneller zu bewegen, weil der sich am schnellsten bewegende Punkt seines *mobile* in der gleichen Zeit einen größeren linearen Raum beschreibt. Wenn aber behauptet wird, daß sie ihre *mobilia* nicht in der gleichen Zeit herumführen, scheint auch das nicht wahr zu sein, weil gesetzt worden ist, daß sie gleiche Verhältnisse zu ihren *mobilia* haben.

Antwort: Sie führen ihre *mobilia* nicht in der gleichen Zeit herum (d. h. die *mobilia* machen nicht in der gleichen Zeit eine ganze Umwälzung), weil die Potenz, die das kleinste *mobile* bewegt, ihr *mobile* schneller herumführt und in der gleichen Zeit, in der das kleinste *mobile* herumgeführt wird, die andere Potenz ihr *mobile* über eine solche Strecke bewegt, daß der lineare Raum, beschrieben durch den sich am schnellsten bewegenden Punkt, gleich dem ist, beschrieben durch den sich am schnellsten bewegenden Punkt des kleinsten Körpers, der eine ganze Umwälzung gemacht hat. Dies würde sich ergeben, wenn die beiden Räume gerade gestreckt würden, und deshalb entstehen aus gleichen Verhältnissen keine ungleichen Geschwindigkeiten.

---

[59]) P. DUHEM[25] (2), Vol. VII, S. 285; P. DUHEM[4] (1), Vol. 3, S. 454, 487.
[60]) M. CLAGETT[1] (2), S. 223–229; 365.

In der folgenden 8. und letzten Konklusion wird die *velocitas circuitionis*, d. h. die Winkelgeschwindigkeit, eingeführt im Gegensatz zur *velocitas motionis*, die nach dem von dem sich am schnellsten bewegenden Punkt zurückgelegten Weg berechnet wird[61]).

Konklusion 8: Die Winkelgeschwindigkeit wird nach dem Winkel gemessen, der in einer bestimmten Zeit um eine Achse oder ein Zentrum beschrieben wird so daß, wenn zwei *mobilia* sich um dieselbe Achse herumdrehen (= *circuire*) und in der gleichen Zeit gleiche Winkel beschreiben, behauptet werden kann, daß sie gleich schnell sich um die Achse herumdrehen, und wenn die Winkel ungleich sind, sie sich ungleich schnell herumdrehen.

Diese Konklusion ergibt sich *ex communi modo loquendi* der Astrologen. Man muß wissen, daß eine solche Winkelgeschwindigkeit nicht mit der Geschwindigkeit einer geradlinigen oder der einer kreisförmigen Bewegung vergleichbar ist, weil ein Winkel und eine Linie durchaus unvergleichbar sind.

Aus dieser Konklusion folgt: Wenn der Mond und die Sonne in derselben Zeit mit gleicher Geschwindigkeit herumgewälzt werden, drehen sie sich gleich schnell herum (= *circuire*), aber sie bewegen (= *movere*) sich nicht gleich schnell: denn sie beschreiben in derselben Zeit gleiche Winkel um die Weltachse, aber der sich am schnellsten bewegende Punkt der Sonne beschreibt in derselben Zeit einen größeren linearen Raum als der des Mondes[62]).

In dem nun folgenden Abschnitt handelt es sich um die Bestimmung der *velocitas augmentationis*, die ALBERT in starker Anlehnung an das sechste Kapitel *De tribus predicamentis* der *Regule solvendi sophismata* HEYTESBURYS gibt.

Konklusion 1: Die *velocitas augmentationis* wird nicht nach dem in einer bestimmten Zeit erworbenen Quantum gemessen.

Beweis: Wenn gesetzt wird, daß in derselben Zeit ein Grashalm und ein großer Baum durch *augmentatio* um einen Finger zunehmen, dann sind sie ungleich schnell vermehrt worden, weil die Zunahme des Grashalmes merkbar ist und die des Baumes nicht, während beide doch um ein gleiches Quantum vermehrt worden sind.

Hieraus kann man schließen, daß durch ungleiche *augmentationes* trotzdem in derselben Zeit gleiche Quanten erworben werden.

Zweitens: Wenn das Gegenteil der Konklusion angenommen wird, folgt, daß es keine uniforme *augmentatio quo ad partes subiecti* geben würde.

Die Konsequenz ergibt sich hieraus, daß bei einer *augmentatio* das Ganze immer ein größeres Quantum erwirbt als einer seiner Teile.

Diese letzte Bemerkung geht auf den *Liber calculationum* (*Tractatus VI: De augmentatione*) von RICHARD SWINESHEAD zurück, dessen Abfassungszeit wahrscheinlich vor 1350 liegt, und daher vor der von ALBERTS Traktat[63]).

RICHARD meint, daß die Konklusion wohl richtig ist, und antwortet auf diese Behauptung wie folgt: Wenn jeder Teil dieselbe Quantität wie das Ganze erwürbe, würde das Ganze im Nu unendlich werden[64]).

Konklusion 2: Die *velocitas augmentationis* wird auch nicht nach dem Verhältnis zwischen erworbener und vorher existierender Quantität gemessen.

Denn wenn das der Fall wäre, würde folgen, daß es zwei *augmentationes* gibt, wovon die eine weder schneller noch langsamer noch gleich schnell wie die andere wäre.

---

[61]) Auch diese Konklusion finden wir im *Tractatus De configurationibus qualitatum* von ORESME: M. CLAGETT[1] (2), S. 355; 376.
[62]) Im letzteren Beispiel spricht ORESME von Mars und der Sonne: M. CLAGETT[1] (2), S. 356; E. GRANT[12] (1), S. 89–90; P. DUHEM[4] (1), Vol. 3, S. 305; P. DUHEM[25] (2), Vol. VII, S. 477.
[63]) M. CLAGETT[1] (2), S. 203.
[64]) C. WILSON[52], S. 129–130.

Beweis: Sei *a* ein Körper von einem Fuß, der in einer Stunde um eine Quantität von einem Fuß zunimmt, sodaß er am Ende zwei Fuß wird, und *b* ein Körper von einem Fuß, der in derselben Stunde um eine Quantität von zwei Fuß zunimmt, sodaß er am Ende drei Fuß wird. Nun beweise ich, daß unter Annahme des Gegenteils der Konklusion die genannten *augmentationes* nicht unter einander vergleichbar sind, weil bei der *augmentatio* von *a* das Verhältnis zwischen der erworbenen und der vorher existierenden Quantität eine *proportio aequalitatis* ist, und bei der *augmentatio* von *b* eine *proportio maioris inaequalitatis*. Diese Verhältnisse sind nicht unter einander vergleichbar. Falls die Konklusion richtig wäre, würden die genannten *augmentationes* ebensowenig vergleichbar sein und deshalb würde der eine Körper weder schneller noch langsamer noch gleich schnell als der andere sein.

Die Widerlegung dieser Konklusion stützt sich auf das Theorem VII des Kapitels 1, Teil 3 von BRADWARDINES *Tractatus de proportionibus*, worin gezeigt wird, daß eine *proportio maioris inaequalitatis* weder größer noch kleiner als eine *proportio aequalitatis* sein kann[65]).

Konklusion 3: Die *velocitas augmentationis* wird nach dem Verhältnis zwischen der totalen Quantität (aus der vorher existierenden und der neu erworbenen zusammengesetzt), und der vorher existierenden Quantität einer bestimmten Zeit entsprechend gemessen.

Beispiel: Wenn der Körper *a* von einem Fuß in einer Stunde um eine Quantität von einem Fuß zunimmt, und der Körper *b* in derselben Stunde um eine Quantität von zwei Fuß, dann wird die *velocitas augmentationis* von *a* nach dem Verhältnis 2:1, und die von *b* nach dem Verhältnis 3:1 gemessen. Dann stehen die *velocitates augmentationis* von *b* und *a* im Verhältnis 3:2.

Beweis: Die *velocitas augmentationis* wird gemessen entweder nach der in einer bestimmten Zeit absolut erworbenen Quantität oder nach dem Verhältnis zwischen der erworbenen und vorher existierenden Quantität oder nach dem Verhältnis zwischen der totalen Quantität (aus der vorher existierenden und erworbenen zusammengesetzt) und der vorher existierenden Quantität. Die erste Behauptung widerspricht der Konklusion 1, die zweite der Konklusion 2. Es bleibt deshalb nur die letzte Möglichkeit, nämlich die Konklusion 3. Aus dieser Konklusion folgt: Wenn eine Verdünnung, die eine *augmentatio* im uneigentlichen Sinn ist, uniform sein muß, muß die lokale Bewegung der Punkte difform sein, sodaß, wenn die Verdünnung uniform ist, jeder Punkt seine Geschwindigkeit steigern muß. Wenn aber die lokale Bewegung der Punkte uniform ist, würde die Verdünnung difform sein. Der Terminus *augmentatio* kann auf zweierlei Weise verstanden werden. Im eigentlichen Sinn ist dies die Aufnahme von Nahrung durch ein Lebewesen, folglich Wachstum und Zunahme an Größe. Im uneigentlichen Sinn, oder *ex communi modo loquendi*, ist sie die Verdünnung eines Körpers, der eine Zunahme an Größe ohne Vermehrung oder Verlust von Materie verursacht[66]).

Für ALBERT, der sich in seiner Auffassung der *rarefactio* an OCKHAM gegen die Ansichten BURIDANS und ORESMES anschließt, ist die *rarefactio* nichts anders als die durch lokale Bewegung erfolgende Zunahme der Distanz der einzelnen Teile der körperlichen Substanz[67]).

Der letzte Abschnitt des Traktats handelt von *motus alterationis*.

In Bezug auf diesen muß man wissen, daß man sich bei der *alteratio* eine doppelte Sukzession vorstellen kann, nämlich *secundum extensionem* und *secundum intensionem*.

Beispiel des ersten Falles: das Weiß-werden kann Teil für Teil geschehen.

---

[65]) H. CROSBY[2], S. 80—81; M. CLAGETT[1] (2), S. 497, 502; E. GRANT[12] (1), S. 311; C. WILSON[52], S. 200; M. CLAGETT[8] (3), S. 132. Siehe auch für die Konklusionen 1 und 2 A. MAIER[3] (1), S. 112.

[66]) C. WILSON[55], S. 128; A. MAIER[3] (1), S. 9; E. A. MOODY, *Iohannis Buridani, Quaestiones super Libris quattuor De Caelo et Mundo*, Cambridge (1942), S. 46.

[67]) A. MAIER[21] (4), S. 219—221.

Beispiel des zweiten Falles: die Intensität des Weiß-werdens kann erstens abnehmen, zweitens zunehmen[68]).

Konklusion 1: Die Intensität gehört mehr zu der *alteratio* als die Extensität dazu gehört.

Beweis: Eine *alteratio* kann man sich wohl ohne eine Sukzession in Bezug auf die Extensität, aber nicht ohne eine in Bezug auf die Intensität denken. Denn es ist denkbar, daß etwas, das sich gleichzeitig in Bezug auf alle seine Teile ändert, sich auf gleiche Weise zuerst weniger und dann mehr intensiv ändert[69]).

Auch gibt es bei (der Änderung) der Intensität der *accidentia animae*, die eine gewisse *alteratio* ist, keine Sukzession in Bezug auf die Extensität (weil der denkende Geist unteilbar ist), wohl aber eine in Bezug auf die Intensität[70]).

Konklusion 2: Die *velocitas alterationis* wird nicht nach der Qualität gemessen, die in einer bestimmten Zeit je nach dem Subjekt erworben wird, sodaß jene *alteratio* schneller ist, wodurch in derselben Zeit ein größerer Körper eine gleiche Qualität erwirbt (d. h. die Geschwindigkeit hängt von der Größe des Subjekts ab).

Denn nach der vorhergehenden Konklusion ist das Subjekt nur ein Akzidens der *alteratio* und daher wären dementsprechend die Intensitäten von zwei *accidentia* in zwei unteilbaren Intelligenzen nicht mit einander in Geschwindigkeit und Langsamkeit vergleichbar, weil sie keine Extensität haben: das ist unlogisch.

Zweitens: Wenn sich ein großes Pferd und ebenso eine Bohne, in einer Stunde vom Grad Null an bis zum höchsten Grad von Weiße ändern, wird keiner behaupten, daß diese *alterationes* gleich schnell sind, obwohl die eine *alteratio* in derselben Zeit von einem größeren und die andere von einem kleineren Subjekt erworben worden sind[71]).

Konklusion 3: Die *velocitas alterationis* wird nicht nach dem Verhältnis zwischen der in einer gewissen Zeit erworbenen und der vorher existierenden Qualität gemessen, auch nicht nach dem Verhältnis der Qualität, die aus der in einer gewissen Zeit erworbenen und der vorher existierenden zusammengesetzt ist, zu der vorher existierenden Qualität.

Beweis: Wenn eine Wärme *ut* 1 eine Wärme *ut* 2, und in derselben Stunde eine Wärme *ut* 4 eine Wärme *ut* 8 erwirbt, sind doch diese *alterations* nicht gleich schnell, obwohl die Verhältnisse zwischen den erworbenen und vorher existierenden Qualitäten ebenso wie die zwischen den Qualitäten, die aus den erworbenen und vorher existierenden zusammengesetzt sind, und den vorher existierenden für beide gleich sind. Denn man ist nach der einen *alteratio* näher als nach der anderen an den höchsten Grad herangekommen.

Konklusion 4: Die *velocitas alterationis* wird nach der in einer gewissen Zeit absolut erworbenen Qualität gemessen.

Beispiel: Wenn zwei gleiche oder ungleiche Subjekte in derselben Stunde gleiche Qualitäten erwerben, haben sie sich gleich schnell geändert, und wenn sie ungleiche erwerben, ungleich schnell[72]).

Beweis: Die *velocitas alterationis* wird entweder nach der je nach dem Subjekt erworbenen Qualität gemessen (stimmt nicht nach Konklusion 2); oder nach dem Verhältnis zwischen der erworbenen und der vorher existierenden Qualität oder nach dem zwischen der Qualität, die aus der erworbenen und vorher existierenden zusammengesetzt ist, und der vorher existierenden (stimmt nicht nach Konklusion 3), bleibt deshalb nur, daß sie nach der in einer gewissen Zeit absolut erworbenen Qualität gemessen wird (Konklusion 4).

---

[68]) A. Maier[25] (5), S. 8; H. Busard[11], S. 138.

[69]) Oresme sagt in den *Quaestiones super Geometriam Euclidis*, daß das sich ereignet, wenn die *alteratio* von innen her stattfindet, z. B. wenn jemand Fieber bekommt: H. Busard[11], S. 138, 139. Siehe auch C. Wilson[52], S. 141.

[70]) Siehe hierüber auch den *Tractatus De configurationibus qualitatum* von Oresme: A. Maier[25] (6), S. 314, 327; M. Clagett[1] (2), S. 349.

[71]) A. Maier[25] (5), S. 12; H. Busard[11], S. 131.

[72]) C. Wilson[52], S. 142; P. Duhem[4] (1), Vol. 3, S. 345; P. Duhem[25] (2), Vol. VII, S. 531.

Überblicken wir den Inhalt des Traktats, dann müssen wir daraus schließen, daß ALBERT nicht viel Neues bringt, aber vielleicht war das auch seine Absicht nicht. Wir nehmen eher an, daß es sich um eine Proportionslehre mit didaktischem Zweck handelt, die ALBERT für den damaligen Studienbetrieb verfaßt hat. Falls dies der Fall ist, ist ihm das glänzend gelungen: denn wie aus dem explicit des Manuskripts Bodleian Libr. Canon. Misc. 393 hervorgeht, wurde schon 1402 in Padua über diesen Traktat gelesen. Auch die vielen Editionen, die noch um 1500 angefertigt worden sind, sprechen dafür, und als Lehrbuch hat der Traktat durchaus größere Wirkung gehabt als die viel originellere, aber auch schwerer zu verstehende Abhandlung von Oresme.

DIE EDITION

Die von mir benutzten Handschriften bezeichnen mit Ausnahme des anonymen Pariser Manuskripts lat. 7368 ALBERT von Sachsen als den Verfasser des Traktats. Es ist mir nicht gelungen, die Verhältnisse der Handschriften zueinander und zum Original festzustellen, weil die Differenzen zu geringfügig sind. Auch habe ich nicht finden können, auf welches Manuskript die herangezogenen Inkunabeln, die untereinander sehr wenig verschieden sind, zurückzuführen sind. Als Basis zur Wiederherstellung des Textes habe ich das älteste datierte Manuskript Paris lat. 2831 aus dem Jahre 1396 genommen.

Als technische Einzelheiten seien noch erwähnt, daß Zusätze, die von mir stammen, in spitze Klammern ⟨ ⟩ gesetzt worden sind, und Stellen, die ich streichen möchte, in eckige [ ]. Die Schreibart ist in Übereinstimmung mit der des Manuskripts gehalten: *infinite* statt *infinitae* und *proporcionis* statt *proportionis*.

Die folgenden Manuskripte und Inkunabeln sind zu Rate gezogen:

1. Paris, Bibl. Nat., lat. 2831, ff. 116^r–122^v.

Subscriptio: Explicit bonus tractatus de proporcionibus datus a magistro alberto de saxonia scriptus per manum Johannis de Routuria anno domini millesimo trescentesimo nonagesimo sexto finitus die quinta mensis novembris.

2. Oxford, Bodleian Libr. Canon. Misc. 393, ff. 88^{v}a–92^{v}b.

Subscriptio: Expliciunt proportiones magistri Alberti de Saxonia scripte per me Johannitium de Albeto regni Neapolis, artium Padue studentem, anno Domini m. ccccij die xij mensis Julii, indict. X.^{a} Amen; deus collaudetur in celo[73]).

3. Oxford, Bodleian Libr. Canon. Misc. 506, ff. 445^{v}a–451^{v}b.

Praescriptio: Incipit tractatus de proportionibus Alberti de Saxonia.

Subscriptio: Finis tractatus Alberti de Saxonia de proportionibus scripte per me Ludovicum Ser. Angeli de Auximo[74]).

4. Venedig, Bibl. Marciana Cod. lat. VI, 62, ff. 111^v–117^r.

Praescriptio: In dei nomine tractatus Alberti de Proportionibus.

Subscriptio: Explicit Tractatus proportionum Alberti de Saxonia deo gracias Amen.

5. Venedig, Bibl. Marciana Cod. lat. VI, 71, ff. 42^r–46^r.

Subscriptio: Expliciunt proporciones maiores Alberti de Sasonia.

6. Venedig, Bibl. Marciana Cod. lat. VI, 149, ff. 20^r–24^r.

Subscriptio: Expliciunt tractatus proportionum Alberti de Sasonia.

7. Rom, Bibl. Vaticana Pal. lat. 1207, ff. 131^r–143^v.

Subscriptio: Explicit textus de proporcionibus Parisius per magistrum Albertum de Saxonia editus deo laus. Textus de proporcionibus velocitatum in motibus.

---

[73]) Nach dem Explicit folgt noch folgende Bemerkung: Secundum Henthisberum in regulis suis est dicendum: velocitas motus localis attenditur penes spacium lineale descriptum vel ymaginatum describi a puncto extremo fixo vel ymaginato velocissime moto ipsius motoris moti in tanto vel in tanto tempore. Nicolaus Desialia.

[74]) Auf Folio 445rb steht folgendes Explicit: Finis consequentiarum Rodulfi Strodi per me Ludovicum Ser. Angeli de Auximo 1466, cum essem ferraris studens artibus. Man muß also annehmen, daß diese Abschrift um 1466 entstanden ist.

8. Rom, Bibl. Angelica Ms. lat. 480 (D. VII. 6), ff. 1ʳ—5ʳ.

Subscriptio: Explicit tractatus proportionum magistri Alberti de Saxonia doctoris et philosophi eximii. Deo gracias Amen.

9. Columbia University, Plimpton Collection 187, ff. 132ʳ—143ᵛ.

Praescriptio: Incipit proporciones composite a magistro Albertutio.

Subscriptio: Expliciunt proporciones composite reverendo magistro Alberto de Saxonia.

10. Paris, Bibl. Nat., lat. 7368, ff. 14ʳ—26ᵛ.

Subscriptio: Expliciunt proporciones motuum deo gracias.

11. Wien, Nationalbibl. Cod. lat. 4217, ff. 152ʳ—153ᵛ.

Subscriptio: Explicit per Albertum de Saxonia.

Dieses Manuskript ist unvollständig: es enthält nur den letzten kinematischen Abschnitt und fängt an mit den Worten: *Nunc restat videndum penes quid attenditur* . . . (Regel 415).

12. Erfurt, Ampl. Qu. 344, ff. 8ʳ—12ᵛ.

Auch dieses Manuskript ist unvollständig: es enthält das mathematische Einleitungskapitel und einen Teil des dynamischen Abschnitts. Es bricht unten an der Folio 12ᵛ ab mit den Worten: *Probatur nam sit a sicut octo et b suum* (in der Konklusion I, Regel 332). Der Rest des Manuskripts ist vielleicht verlorengegangen[75]).

Auch habe ich den Text noch verglichen mit den drei folgenden Editionen:

Praescriptio (für alle): Excellentissimi Magistri Alberti de Saxonia tractatus proportionum incipit feliciter.

13. Wien, Nationalbibl. Inc. VII, H. 83.

Subscriptio: Magistri Alberti de Saxonia proporcionum libellus finit. Padue non modica impressus diligentia per Magistrum Matheum Cerdonis de Vindischgretz anno domini 1482 die 15 Augusti.

14. Wien, Nationalbibl. Inc. IX. H. 58.

Subscriptio: Magistri Alberti de Saxonia proporcionum libellus finit feliciter qui Padue summa cum diligentia fuit impressus per Magistrum Matheum Cerdonis de Vindischgretz Die 20 Julij Annis domini currentibus 1484.

15. Wien, Nationalbibl. Inc. XVI. H. 22.

Subscriptio: Magistri Alberti de Saxonia proportionum libellus finit feliciter qui Venetiis summa cum diligentia fuit impressus per Bernardinum Venetum impensa d. Jeronimi Duranti Die 29 Zenaro 1494.

---

[75]) Das Manuskript Erfurt Q 313, ff. 142ʳ—147ʳ:
Anfang: Omnis proportio vel est propria dicta...
Ende: ... movebitur in *c*, ergo tota conclusio vera et sic est finis huius operis Deo et matri sue graciarum etc. Expliciunt proporciones breves et utiles ad physicam,
enthält den *Tractatus brevis proportionem: abbreviatus ex libro de proportionibus*, der eine verkürzte Fassung des Traktats von Bradwardine ist, dessen Text und Übersetzung M. CLAGETT[1] (2) (S. 465—494) veröffentlicht hat.

(fol. 116ʳ) Proporcio communiter accepta: est duorum comparatorum in aliquo ⟨termino⟩ univoco ad invicem habitudo. Et dicitur univoco nam licet stilus dicatur acutus et similiter vox dicatur acuta, tamen quia accucies non dicitur univoce de accucie stili et de accucie vocis, stilus et vox non comparantur ad invicem in accucie. Unde non solemus dicere stilum esse
5 accuciorem voce nec ita acutum nec e contrario. Similiter licet mel sit dulce et vox dicatur dulcis tamen quia dulcendo non dicitur univoce de dulcedine mellis et de dulcedine vocis, ideo non comparamus ad invicem mel in dulcedine ad vocem.

Proporcio proprie accepta dicitur duarum quantitatum eiusdem generis ad invicem habitudo. Quantitates dicuntur commensurabiles, quibus est una mensura [cio] ⟨communis⟩
10 quamlibet illarum precise mensurans, sicut sunt iste quantitates: pedale, bipedale, [similiter] semipedale ⟨enim⟩ utrumque illorum aliquociens sumptum precise reddit. ⟨Quantitates⟩ incommensurabiles dicunter quibus non est aliqua mensura communis quamlibet illarum precise reddens sicut sunt: dyameter quadrati et costa eiusdem. Unde data aliqua quantitate que aliquociens sumpta reddit precise dyametrum, eadem vel sibi equalis nunquam aliquociens
15 sumpta reddit costam precise, sed vel plus vel minus et e contrario est de quantitate precise reddente costam.

Proporcio racionalis est ⟨duarum⟩ quantitatum commensurabilium ad invicem habitudo. Vel sic: proporcio racionalis est que immediate denominari potest ab aliquo numero.

Proporcio irracionalis est ⟨duarum⟩ quantitatum incommensurabilium ad invicem
20 habitudo vel sic: proporcio irracionalis est que non potest immediate ab aliquo numero denominari, sed immediate denominatur ab aliqua proporcione que bene immediate denominatur ab aliquo numero, sicut est proporcio que medietas duple nominatur, qualis est proporcio dyametri quadrati ad costam eiusdem. Unde si describantur duo quadrata sic se habencia quod costa maioris sit dyameter minoris, illorum quadratorum est proporcio dupla,
25 sicut faciliter potest declarari per penultimam primi geometrie, sed quia qualis est proporcio laterum seu costarum quadratorum ⟨duplicata⟩, talis est proporcio quadratorum ⟨ad invicem⟩ [duplicata] per 18ᵃᵐ 6ⁱ geometrie, sequitur dictorum quadratorum proporcionem costarum esse medietatem duple, ⟨et⟩ quia costa maioris est dyameter minoris sequitur dyametrum minoris quadrati ad costam eiusdem se habere in proporcione que medietas duple nuncupatur.
30 Et notanter dixi in secunda descripcione proporcionis irracionalis que non potest ⟨immediate⟩ ab aliquo etc., nam licet medietas quadruple denominatur ab aliqua proporcione, non tamen proprie est irracionalis quia bene potest denominari ab aliquo numero quia medietas quadruple est proporcio dupla. Et differunt ab invicem proporcio racionalis et irracionalis, quia proporcio racionalis tam in discretis quam in continuis reperitur; proporcio autem iracio-
35 nalis non in discretis, sed solum in continuis ⟨reperitur⟩, nam ⟨non⟩ in numeris signabilibus invenitur. Et propter hoc arismetica que de numeris considerat et determinat de proporcione racionali et non de irracionali considerat, sed geometria, que determinat de magnitudine tam de proporcione racionali quam de irracionali bene considerat.

Proporcio equalitatis est duorum equalium ad invicem habitudo, sicut duorum ad
40 duo ⟨vel⟩ unius ad unum.

Proporcio inequalitatis est duorum inequalium ad invicem habitudo, sicut duorum ad unum vel unius ad duo.

Proporcio maioris inequalitatis est maioris ad minus habitudo, sicut duorum ad unum; proporcio minoris inequalitatis est minoris ad maius habitudo, sicut unius ad duo.
45 Differencia sive excessus dicitur quo (fol. 116ᵛ) maior quantitas excedit minorem ut si comparentur 6 ad 4, duo vocatur differencia, nam 6 excedunt 4 in duobus.

Proporcionalitas arismetica: est comparatorum ad invicem equalitas differenciarum quali

---

r. 1: accepta]   dicta;
r. 22: qualis]   sicut;
r. 47: equalitas]   habitudo equalitas;

proporcione sunt proporcionabilia ad invicem 6; 4; 3 ⟨et⟩ unum, nam sicut se habent 6 ad 4, ita 3 ad 1 quoad differencias seu excessus, nam sicut 6 excedunt 4 in 2, ita 3 excedunt 1 in duobus.

50   Proporcionalitas geometria: est comparatorum ad invicem equalitas vel similitudo proporcionum quali proporcione sunt proporcionabilia 6; 3; 2; 1, nam sicut se habent 6 ad 3 quoad proporcionem, ita duo ad unum, utrobique enim est proporcio dupla.

De proporcionalitate armonia taceo quia nihil deservit in proposito.

Proporcionalitas arismetica continua est equalitas differenciarum per communem terminum medium vel terminos medios copulata. Exemplum quando per terminum communem sicut se habent 3 ad 2, ita 2 ad 1; exemplum quando per terminos medios sicut se habent 4 ad 3 ita 3 ad 2 vel 2 ad 1.

Proporcionalitas arismetica discontinua est equalitas differenciarum per nullum terminum communem medium vel per terminos communes medios ⟨nullos⟩ copulata, sicut se habent 6 ad 4 ita 3 ad 1 vel sicut se habent 10 ad 8 ita 6 ad 4 et 3 ad unum.

Proporcionalitas geometria continua: est equalitas proporcionum per communem terminum ⟨medium⟩ vel communes terminos medios copulata. Per communem terminum sicut hic: sicut se habent 4 ad 2, ita 2 ad 1; per communes terminos sicut hic: sicut se habent 8 ad 4 ita 4 ad 2 et 2 ad unum.

65   Proporcionalitas geometria discontinua: est equalitas proporcionum per nullum communem terminum medium vel terminos medios communes copulata sicut hic: sicut se habent 6 ad 3 ita 2 ad 1 vel hic: sicut se habent 16 ad 8 ita 6 ad 3 et 4 ad 2.

Proporcionalia proporcione arismetica dicuntur quorum differencie sunt equales sicut sunt 6 ad 4 ita 3 ad 1.

70   Proporcionalia proporcione geometria dicuntur quorum proporciones sunt equales sicut 8 ad 4 ita 2 ad 1.

Proporcionalia proporcione arismetica permutatim dicuntur illa que sic se habent quod sicut se habet antecedens ⟨unius⟩ ad antecedens alterius ita consequens unius ad consequens alterius et hoc quoad excessum seu differenciam ut hic: 6; 4; 3; 1. Unde ⟨sicut se habent 6 ad 4, ita 3 ad 1, utrobique enim est excessus ut 2. Et permutatim⟩ sicut se habent 6 ad 3, ita 4 ad 1, utrobique enim excessus est ut 3.

Proporcionalia proporcione geometria permutatim dicuntur que sic se habent quod equalis vel eadem ⟨est⟩ proporcio antecedentis unius ad antecedens alterius qualis est proporcio consequentis unius ad consequens alterius sicut hic: 8; 4; 2; 1. Unde ⟨sicut se habent 8 ad 4, talis est proporcio 2 ad unum. Et permutatim⟩ qualis est proporcio 8 ad 2, talis est proporcio 4 ad unum, utrobique enim est proporcio quadrupla.

De descripcione proporcionalium proporcione geometria que dicuntur vel distincta vel coniuncta vel eversa vel equa non curo in proposito quia ad nihil in proposito deservirent, sic ergo sint posite descripciones 21.

85   Proporcionis inequalitatis maioris racionalis 5 sunt species: tres simplices et 2 composite scilicet proporcio multiplex, proporcio superparticularis, proporcio superparciens, proporcio multiplex superparticularis et proporcio multiplex superparciens.

Proporcio multiplex dicitur quando maius continet minus pluries et nihil plus, sicut est proporcio duorum ad unum. Et si maius continet minus ·precise bis, vocatur ⟨proporcio⟩ dupla sicut proporcio duorum ad unum et ⟨si⟩ ter, tripla ut ⟨proporcio⟩ trium ad unum, si quater, quadrupla etc.

Proporcio vero superparticularis vocatur (fol. 117ʳ) quando maius continet minus semel et non pluries et cum hoc aliquam partem aliquotam minoris, sicut est proporcio 3 ad 2. Unde 3 continent semel duo et cum hoc unitatem que est pars aliquota ipsorum 2. Deinde viso quod maius continet minus semel et non pluries et cum hoc partem aliquotam minoris videndum est an illa pars aliquota sit medietas minoris et si sic, proporcio vocatur sesquialtera sicut est proporcio 3 ad 2; si vero tercia, sesquitercia, sicut est proporcio 4 ad 3 vel 8 ad 6; si vero quarta, sesquiquarta sicut est proporcio 5 ad 4 etc. Notandum est, quod pars aliquota

dicitur que aliquociens sumpta precise reddit suum totum sicut 3 respectu 6. Unde si tria bis
100 capiantur precise reddunt 6. Pars vero non aliquota dicitur que aliquociens sumpta non
precise reddit suum totum sicut 2 respectu 5. Unde si 2 bis sumantur, reddunt minus quam 5
et si ter sumantur, reddunt plus.

Proporcio superparciens est quando maius continet minus semel et non pluries et cum
hoc partem non aliquotam minoris compositam ex partibus aliquotis minoris, sicut proporcio
105 5 ad 3, unde 5 continent semel 3 et cum hoc binarium qui non est pars aliquota ternarii licet
contineat in se duas partes aliquotas eius. Deinde viso quod maius continet minus semel et
cum hoc partem non aliquotam minoris, videndum est de parte non aliquota quot partes
aliquotas numeri minoris contineat in se, unde si duas, vocatur superbiparciens sicut est
proporcio 5 ad 3; si 3, vocatur proporcio supertriparciens sicut 8 ad 5; si 4, superquadriparciens
110 sicut 9 ad 5 etc. Deinde hoc viso ad habendum ⟨unum⟩ nomen magis speciale, videndum est
quomodo se habent partes aliquote respectu minoris scilicet utrum sint eius tercie vel quarte
vel quinte etc. Si tercie, proporcio dicitur proporcio superparciens tercias; si quarte, ⟨propor-
cio⟩ superparciens quartas etc. Ex his tunc potest colligi nomen speciale proporcionis superparcientis, unde si maius contineat minus semel et cum hoc partem eius non aliquotam in se
115 duas partes aliquotas minoris ⟨numeri⟩ continentem quarum quelibet est tercia pars numeri
minoris, proporcio talium debet dici proporcio superbiparciens tercias. Si vero maius contineat minus semel et cum hoc partem non aliquotam minoris in se tres aliquotas ⟨numeri⟩
minoris continentem quarum quelibet est quinta pars numeri minoris, proporcio ⟨talium⟩
debet dici supertriparciens quintas sicut est proporcio 8 ad 5 et proporcionaliter sic dicendum
120 est in aliis. Si vero maius continet minus pluries et cum hoc partem aliquotam ⟨numeri⟩
minoris, est proporcio multiplex superparticularis sicut est proporcio 5 ad 2. Et si maius
continet minus bis et cum hoc partem aliquotam ⟨numeri⟩ minoris que est medietas minoris,
vocatur proporcio dupla sesquialtera; si autem bis et cum hoc partem aliquotam que est
tercia pars minoris, vocatur dupla sesquitercia sicut est proporcio 7 ad 3 etc. Si vero maius
125 continet minus pluries et cum hoc aliquid ultra quod est pars non aliquota minoris, vocatur
proporcio multiplex superparciens sicut est proporcio 8 ad 3. Et si maius continet minus bis
et cum hoc partem non aliquotam minoris continentem in se duas partes aliquotas ⟨minoris⟩
vocatur dupla superbiparciens ⟨tercias⟩ sicut est proporcio 8 ad 3. Si vero cum hoc quelibet
illarum parcium aliquotarum est tercia pars minoris, vocatur proporcio dupla superbiparciens
130 tercias sicut apparet in predicto exemplo et sic proporcionaliter dicendum est de aliis speciebus
multiplicis superparcientis permiscendo multiplicem cum superparciente secundum ista que
dicta sunt seorsum de multiplice proporcione et seorsum de proporcione superparticulari.
Notandum est quod ad habendum tot species proporcionis minoris inequalitatis racionalis non
oportet nisi predictis 5 nominibus et speciebus eius addenda li sub: dicendo submultiplex,
135 subsuperparticularis, subsuperparciens, submultiplex superparticularis, submultiplex superparciens. Propter brevitatem sufficiencia predictorum potest sic capi omne maius comparatum
ad minus habens ad ipsum proporcionem racionalem vel continet minus pluries et nihil
ultra vel semel et aliquid ultra (fol. 117ᵛ) vel pluries et aliquid ultra; si primum, sic est proporcio multiplex; si secundum, hoc est dupliciter, nam vel id quod est ultra, est pars aliquota
140 ⟨numeri⟩ minoris et sic est proporcio superparticularis vel est pars non aliquota minoris
continens tamen in se partes aliquotas equales minoris et sic est proporcio superparciens. Si
dicatur tercium, tunc iterum vel illud quod ultra continetur est pars aliquota minoris et sic
est ⟨proporcio⟩ multiplex superparticularis vel est pars non aliquota minoris predicto modo
se habens et sic est proporcio multiplex superparciens. Exempla horum possunt poni in tali
145 figura.

---

    r. 135/136: subsuperparciens ... superparciens]   etc.;
    r. 140: proporcio]   pars;

1	2	3	4	5	6	7	8	9	10
2	4	6	8	10	12	14	16	18	20
3	6	9	12	15	18	21	24	27	30
4	8	12	16	20	24	28	32	36	40
5	10	15	20	25	30	35	40	45	50
6	12	18	24	30	36	42	48	54	60
7	14	21	28	35	42	49	56	63	70
8	16	24	32	40	48	56	64	72	80
9	18	27	36	45	54	63	72	81	90
10	20	30	40	50	60	70	80	90	100

Unde sciendum est ⟨circa istam figuram quod⟩ si in superiori linea huius tabule incipiendo ab uno numerum secundi spacii ad primum comparabis, primam speciem proporcionis multiplicis invenies scilicet duplam. Si vero numerum tercii spacii ⟨comparabis⟩ ad ⟨numerum⟩ primi, secundam speciem proporcionis multiplicis invenies scilicet triplam et sic ultra et similiter ita est in lineis inferioribus aliis. Si vero numero secundi spacii numerum tercii spacii comparabis, primam speciem proporcionis superparticularis facies scilicet sesquialteram et si tercio quartum secundum et si quarto quintum, terciam puta sesquiquartam et sic ultra. Si vero numero tercii spacii numerum quinti comparabis, primam speciem ⟨proporcionis⟩ superparcientis efficies et si numero quarti spacii numerum septimi compares vel numero quinti numerum octavi habebis secundam speciem ⟨proporcionis⟩ superparcientis et si numero quinti numerum noni compares, terciam speciem scilicet superparcientis invenies. Si vero numero secundi spacii numerus quinti comparetur, fiet prima species multiplicis superparticularis scilicet dupla sesquialtera. Si autem eidem numerus septimi comparetur, triplam sesquialteram invenies. Si vero numero tercii numerus septimi ⟨comparetur⟩ dupla sesquitercia erit. Si autem numero tercii comparetur numerus octavi, prima species multiplicis superparcientis fiet scilicet dupla superbiparciens et ⟨sic ultra⟩ si tabula esset maior. Si vero numero quarti numerus undecimi ⟨comparetur⟩ dupla supertriparciens perveniret. Unde notandum quod secundum hoc quod aliquis posset habere plura vel pauciora exempla eciam posset facere maiorem vel minorem tabulam.

His visis videndum est de principali intento scilicet penes quid attenditur proporcio velocitatum in motibus et primo penes quid tanquam penes causam; secundo penes quid tanquam penes effectum. Ante tamen omnia supponendum est quod nullus motus potest pervenire a proporcione equalitatis nec minoris inequalitatis.

De primo sit prima conclusio: proporcio velocitatum in motibus non attenditur penes proporcionem potenciarum inter se.

Probatur nam si aliqua potencia movet aliquod mobile, idem mobile potest moveri ab una alia potencia in duplo tardius ut patet 6° Physicorum. Sit igitur quod 4 moveant duo, tunc si duo moveantur in duplo tardius ab una alia potencia, hoc erit a potencia ut duo. Si proporcio velocitatum in motibus est sicut proporcio potenciarum movencium inter se et sic a proporcione equalitatis fieret motus quod est contra suppositum. ⟨Preterea si 6 moveant 4 et cum 4 possit moveri ab una alia potencia in duplo tardius, hoc non erit nisi a tribus, si proporcio velocitatum est sicut proporcio potenciarum movencium et sic iterum motus proveniret a proporcione minoris inequalitatis quod est contra suppositum⟩.

Secunda conclusio: proporcio velocitatum in motibus non attenditur penes proporcionem resistenciarum inter se.

Probatur nam moveant 4 duo, cum ergo eadem potencia scilicet 4 possit movere aliquid mobile in duplo (fol. 118ʳ) tardius vel ergo hoc erit duplum ad duo vel in alia proporcione

---

r. 184: movencium inter se]   ad invicem;
r. 185: motus]   accio;

se habens. Si primum, sequitur quod 4 moverent 4 et sic a proporcione equalitatis fieret motus quod est contra suppositum. Si autem se habet in alia proporcione quam dupla, sequitur quod
195 non ⟨est⟩ eadem proporcio velocitatum in motibus qualis est proporcio resistenciarum inter se sive mobilium. Proporcionabiliter probatur quod motus fieret a proporcione minoris inequalitatis ut si 6 moveant 4 et cum 6 possint movere unum aliud mobile in duplo tardius vel ergo hoc erit duplum ad 4 vel in alia proporcione se habens. Si primum, tunc 6 movebunt 8 et sic a proporcione minoris inequalitatis fieret motus ⟨quod est contra suppositum⟩. Si
200 secundum detur, sequitur non esse consimilem proporcionem velocitatum in motibus proporcioni resistenciarum inter se nec mobilium inter se.

Tercia conclusio: proporcio velocitatum ⟨in motibus⟩ non attenditur penes proporcionem excessuum duorum ⟨seu differenciarum⟩ inter se ipsarum potenciarum movencium super suas resistencias.
205 Probatur nam si sic sequitur, quod non equali velocitate 4 moverent duo sicut duo moverent unum, sed hoc est falsum. Consequencia tenet, nam non est equalis excessus quo 4 duo ⟨excedunt⟩ excessui quo duo excedunt unum, nam 4 excedunt duo in duobus et duo ⟨excedunt⟩ unum in uno. Sed falsitas consequentis patet per Aristotelem 7º Physicorum qui vult: si aliqua potencia movet aliquod mobile, subdupla potencia movet subduplum
210 mobile equali velocitate. Secundo sequitur quod totus motor non moveret totum mobile equali velocitate quam medietas mobilis moveretur a medietate motoris, modo hoc est falsum. Consequencia tenet quia maiori excessu excedit totus motor totum mobile quam medietas motoris ⟨excedit⟩ medietatem mobilis quod patet: si totus motor est sicut 8, totum mobile sicut 4, excessus est sicut 4, sed medietas motoris que est sicut 4 non excedit ⟨medietatem⟩
215 mobilis que est sicut duo tanto excessu ⟨sicut 8 4⟩ cum 4 non excedunt duo nisi in duobus. Falsitas consequentis patet per Aristotelem in 7º Physicorum et eciam quia totus motor et medietas motoris et totum mobile et medietas mobilis sunt permutatim proporcionabilia sicut patet per diffinicionem permutatim proporcionabilium proporcione geometria. Videtur quod simili velocitate totum mobile debeat moveri a toto motore quali medietas motoris
220 movet medietatem mobilis et e contrario. Tercio probatur per experienciam, nam si 1000 homines trahunt navem et si unus addatur, modicum intenditur velocitas et tamen si unus trahat unam parvam navem et unus addatur, multum intenditur velocitas, ideo videtur quod velocitates proveniant inequales ab excessibus equalibus. Et ex ista conclusione sequitur quod proporcio velocitatum non attenditur penes proporcionem arismeticam cuius tamen opposi-
225 tum vult una opinio.

Quarta conclusio: proporcio velocitatum in motibus attenditur penes proporcionem proporcionum potenciarum ⟨movencium⟩ super suas resistencias. Et hoc est quod solet dici: proporcionem velocitatum sequi proporcionem geometricam.

Unde si aliqui motores moveant aliqua mobilia ex equali proporcione movent ea
230 equevelociter, unde equevelociter precise movent 6 3 sicut duo unum. Et si ⟨aliqui⟩ motores movent aliqua mobilia ex inequali proporcione, tunc in quanto proporcio unius motoris ad suam resistenciam excederet proporcionem alterius motoris ad suam resistenciam in tanto motus eius esset velocior. Unde si 8 moverent duo, moverent in duplo precise velocius quam 6 moverent 3 propter hoc quod proporcio 8 ad duo est proporcio quadrupla que est dupla ad
235 proporcionem 6 ad 3 (fol. 118ᵛ), que est precise dupla. Probatur conclusio, nam de ista materia non erant nisi 4 opiniones racionales ⟨quarum⟩ una posuit quod proporcio velocitatum attenditur penes proporcionem potenciarum inter se, et ista non valet sicut dicit prima con-

---

r. 199: motus] accio;
r. 205: si sic] tunc;
r. 223: velocitates proveniant inequales] velocitas proveniat inequalibus;
r. 224: proporcio velocitatum] velocitas in motibus;
r. 228: proporcionem] equalitatem;

clusio. Secunda erat quod attenditur penes resistenciarum proporcionem inter se et ista non valuit ut dicit secunda conclusio. Tercia voluit quod ⟨attenditur⟩ penes proporcionem excessuum quibus potencie motive excedunt resistencias et ista non valet ut dicit tercia conclusio. Quarta erat quod attenditur penes proporcionem proporcionum potenciarum movencium ad suas resistencias et hoc dicit quarta conclusio. Ista eciam conclusio potest probari ex ⟨pluribus⟩ dictis Aristotelis et commentatoris 7° et 4° Physicorum et 2° Celi.

Circa istam conclusionem ponenda sunt aliqua dubia et solvenda; secundo sunt inferenda aliqua correlaria ex eis circa regulas positas ab Aristotele in 7° Physicorum de comparacione velocitatum.

Quantum ad primum dicitur primo: nam intelligencia movens celum movet ipsum aliqua velocitate et tamen nulla est ibi proporcio potencie motoris ad resistenciam mobilis cum celum non resistat intelligencie.

Secundo sequitur: si Socrates potest proicere aliquem lapidem per aliquam distanciam quod medietatem eius posset ⟨proicere⟩ per duplam ⟨distanciam⟩ cum super ipsum haberet proporcionem duplam ad proporcionem primam et medietatem medietatis per quadruplam et sic ulterius quod tamen est falsum.

Tercio: nam eadem est proporcio calidi ad frigidum quando sunt propinqua sive quando sunt remota et tamen calidum agit velocius in frigidum ⟨cum est⟩ sibi propinquum quam in distancia, ideo non ex equali proporcione proporcionum potenciarum motivarum ad suas resistencias provenit equalis velocitas.

Quarto: nam grave descendens in medio uniformi velocius descendit in fine quam in principio et tamen non ex maiori proporcione ad suam resistenciam cum sua resistencia posita sit uniformis.

Quinto ⟨ad⟩ idem grave: propter aliam et aliam figuram descendit in ⟨eodem⟩ medio aliquando velocius, aliquando tardius et tamen non videtur quod propter aliam et aliam figuram habeat aliam et aliam proporcionem ad suam resistenciam.

Sexto: inter potenciam motivam et resistenciam non est aliqua proporcio, ergo conclusio falsa. Consequencia tenet et antecedens probatur, nam non sunt eiusdem racionis, modo inter alia quam inter illa que sunt eiusdem racionis, non est proporcio ut patet 5° Euclidis.

Septimo: nam passum reagit in agens et habet ad agens proporcionem minoris inequalitatis et illa non est comparabilis proporcioni maioris inequalitatis, tunc si conclusio esset vera, ista velocitas non esset comparabilis ⟨alicui⟩ velocitati provenienti a proporcione maioris inequalitatis.

Ad ⟨ista argumenta ad⟩ primum dicitur quod conclusio debet intelligi de velocitate motuum proveniencium ab agentibus non moventibus per voluntatem, modo sic non est de intelligencia movente celum.

Ad secundum notandum est quod ⟨omne illud reputatur pars potencie motive quod iuvat ad velocitatem et omne illud dicitur pars potencie resistitive quod resistit. Secundo notandum quod⟩ conclusio intelligebatur de potencia motiva totali et similiter resistitiva totali et non parciali, tunc ad argumentum dico: si Socrates proicit aliquem lapidem ad aliquam distanciam non oportet quod medietatem ⟨lapidis⟩ proiciat ad duplam ⟨distanciam⟩ quia super medietatem lapidis non habet proporcionem duplam ad proporcionem secundum quam proicit lapidem integrum propter hoc quod in tali motu non solum resistit lapis, sed eciam medium et eciam gravitas manus et indebita applicacio et consimilia et ideo si solum dimidias lapidem, non propter hoc dimidias totalem resistenciam.

Consimiliter ad tercium dico quod non est ⟨eadem⟩ proporcio tocius (fol. 119ʳ) potencie ad totalem resistenciam calido distante a frigido nec eadem applicacio, nam applicacio debet reputari pars ⟨potencie⟩ motive et distancia ⟨pars potencie⟩ resistitive.

---

r. 238: non]   minime;
r. 244: ponenda]   movenda;
r. 255: frigidum]   calidum;

Ad quartum dico quod postquam grave exercuit motum suum descendendo in medio uniformi, non est eadem proporcio totalis potencie moventis ad resistenciam ⟨in fine⟩ que erat in principio propter hoc quod resistencia manente equali potencia motiva est intensa propter impetum acquisitum in gravi descendente qui una cum potencia ⟨motiva⟩ principali
290 ipsius lapidis velocius movet lapidem in fine quam in principio.

Ad quintum dico quod quia propter aliam et aliam figuram lapidis idem lapis melius et peius potest applicari medio ad dividendum, alia et alia est proporcio totalis potencie motive ad resistenciam in descensu eiusdem lapidis, sed non est alia proporcio lapidis que solum est pars eius potencie motive ad resistenciam vel dicatur quod dicta ⟨quarta⟩ conclusio debet
295 intelligi quod velocitas in motu debet attendi penes proporcionem potencie motive ad resistenciam, non tamen absolute, sed in comparacione secundum meliorem vel peiorem applicacionem eius ad resistenciam ⟨et ex hoc patet solucio ad argumentum⟩.

Pro solucione sexti dico quod bene probatur quod potencia activa et resistencia sicut calidum et frigidum non sunt comparabilia ad invicem in caliditate et frigiditate nec gravitas
300 et dempsitas, conceditur tamen ⟨quod⟩ bene sunt comparabilia ad invicem in intensione. Unde bene dicimus calidum esse intensius in agendo quam frigidum in resistendo. ⟨Dicimus eciam gravitatem intensiorem in descendendo quam sit dempsitas medii in resistendo⟩.

Ad septimum dico quod passum reagit in agens non a proporcione minoris inequalitatis, sed maioris, unde passum est potencius ad agendum quam agens ad resistendum licet passum
305 idem sit minus ⟨potens⟩ ad resistendum quam ⟨idem⟩ agens ad agendum. Unde ymaginandum est in agente esse activitatem et resistenciam et in passo similiter et quod utriusque activitas est maior ⟨quam utriusque⟩ resistencia et ideo comparando activitatem agentis ad resistenciam passi fit accio a proporcione maioris inequalitatis cum activitas agentis fit maior quam resistencia passi. Et similiter comparando activitatem passi ad resistenciam agentis fit reactio
310 eciam a proporcione maioris inequalitatis cum activitas passi excedat resistenciam agentis.

Nunc ponenda sunt correlaria sequencia ex predicta quarta conclusione ⟨una⟩ cum aliquibus veris supposicionibus assumptis quarum prima sit hec: si fuerit aliquorum extremorum ad invicem proporcio maioris inequalitatis medio interposito vel mediis interpositis cuius vel quorum ad utrumque extremorum fuerit aliqua proporcio ad minus quidem proporcio
315 maioris inequalitatis, ad maius autem proporcio minoris inequalitatis, erit proporcio extremi ad extremum composita ex proporcione extremi ad medium et mediorum inter se, si fuerint plura media, et medii ad extremum. Verbi gracia: sint 4 termini: 8; 4; 2; 1, dico quod proporcio 8 ad 1 composita erit ex proporcione 8 ad 4 et 4 ad 2 et 2 ad 1. Et ista supposicio patet 5º Elementorum Euclidis.
320 Secunda supposicio: cum fuerit aliqua proporcio ex duabus proporcionibus equalibus precise composita, ad quamlibet illarum est dupla et si ex tribus, ad quamlibet ⟨illarum⟩ est tripla ⟨ et si ex 4, ad quamlibet illarum est quadrupla et sic ultra. Verbi gracia:⟩ unde quia proporcio 8 ad 2 componitur ex proporcione 8 ad 4 et 4 ad 2 que sunt ⟨sibi invicem⟩ proporciones equales, ipsa est precise dupla ad quamlibet illarum.
325 Tercia supposicio: cum fuerit aliqua proporcio composita ex pluribus proporcionibus inequalibus, super minorem obtinet (fol. 119ᵛ) proporcionem maiorem et super maiorem minorem. Unde quia proporcio 8 ad 2 componitur ex proporcione 8 ad 6 et ⟨ex proporcione⟩ 6 ad 2 ⟨et⟩ quia proporcio 8 ad 6 est minor quam proporcio 6 ad 2, predicta proporcio 8 ad 2

---

r. 300: conceditur]   eonsimiliter;
r. 304: passum ... agendum]   passicus est forcius in agendo;
r. 307: resistenciam]   passivitatem;
r. 309: resistenciam]   passivitatem;
    : reactio]   accio;
r. 313: interposito]   aliquo;
r. 317: medii ad extremum]   extremi ad medium;
r. 328: predicta proporcio]   ideo comparata ex tali scilicet;

est maior quam dupla ad proporcionem 8 ad 6 et minor quam dupla ad proporcionem 6 ad 2.

330   Nunc sit prima conclusio: si *a* potencia ⟨motiva⟩ moveret *b* mobile, non oportet quod moveat medietatem eius precise in duplo velocius.

Probatur nam sit *a* sicut 8 et *b* suum mobile sicut 2 et *c* medietas illius mobilis sicut 1. Tunc proporcio *a* ad *c* per primam supposicionem componitur ex proporcione *a* ad *b* et *b* ad *c*, sed ex proporcione *a* ad *b* tanquam ex parte maiori et ⟨ex proporcione⟩ *b* ad *c* tanquam ex
335 ⟨parte⟩ minori sicut patet intuenti, ideo per terciam supposicionem proporcio *a* ad *c* est minor quam dupla ad proporcionem *a* ad *b* et quia per conclusionem quartam proporcio velocitatum est sicut proporcio proporcionum eciam sequitur velocitatem qua *a* movet *c* esse minorem quam duplam ad velocitatem qua *a* movet *b* et hoc intenditur.

Secunda conclusio: si *a* ⟨potencia⟩ moveat *b* mobile, non oportet quod *a* potencia
340 duplicata moveat idem mobile in duplo precise velocius.

Patet nam sit *a* potencia sicut 4 et moveat *b* mobile sicut 3 et duplicetur *a* quod fiat sicut 8, dico quod 8 non movent 3 precise in duplo velocius, ymo plus quam in duplo velocius. Nam per primam supposicionem proporcio 8 ad 3 componitur ex proporcione 8 ad 4 et 4 ad 3, sed ex proporcione 8 ad 4 tanquam ex maiori ⟨quia⟩ dupla et ex proporcione 4 ad 3 tanquam
345 ex minori quia sesquitercia, ideo per terciam supposicionem proporcio 8 ad 3 est maior quam dupla ad proporcionem 4 ad 3, igitur per quartam conclusionem velocitas qua 8 movent 3 est magis quam dupla ad velocitatem qua 4 movent 3. Ex istis sequitur quasdam regulas quas ponit Aristoteles in 7° Physicorum de ⟨comparacione⟩ velocitatum motuum esse falsas, quod forte accidit ex vicio translatoris.

350   Tercia conclusio: si potencie moventis ad suum mobile fuerit proporcio dupla, eadem potencia movebit medietatem mobilis in duplo velocius precise.

Patet nam semper talis potencia habet proporcionem precise proporcionalem in duplo maiorem ad medietatem sui mobilis. Verbi gracia: sit *a* potencia motiva sicut 4 et suum mobile sicut 2 et sit *b* et postea *c* medietas mobilis sicut unum, dico quod *a* movet *c* in duplo velocius
355 precise quam movebat *b*, nam proporcio *a* ad *c* componitur ex proporcione *a* ad *b* et *b* ad *c* per primam supposicionem, sed componitur ⟨ex eis⟩ tanquam ex proporcionibus equalibus quia quelibet illarum est dupla, ideo per secundam supposicionem proporcio *a* ad *c* est precise dupla ad quamlibet illarum, ideo per quartam conclusionem velocitas qua *a* movet *c* est precise dupla ad velocitatem qua *a* movet *b*.

360   Quarta conclusio: si fuerit proporcio dupla potencie moventis ad suam resistenciam, eadem potencia duplicata movebit idem mobile in duplo velocius precise.

Verbi gracia: sit *a* potencia ut 4 et *b* mobile sicut 2 et *c* potencia duplicata sicut 8, tunc quia proporcio *c* ad *b* componitur ex proporcione *c* ad *a* et *a* ad *b* tanquam ex proporcionibus equalibus sibi invicem, sequitur per secundam supposicionem eam esse precise duplam ad
365 quamlibet illarum et per consequens per quartam conclusionem ⟨sequitur⟩ velocitatem qua *c* movet *b* esse precise duplam ad velocitatem qua *a* movet *b*.

Quinta conclusio: si fuerit aliqua potencia que moveat aliquod mobile ⟨aliqua velocitate⟩ [ad quod sit proporcio dupla], semper medietas mobilis movebitur a medietate motoris equali velocitate.

370   Patet nam talis est proporcio medietatis motoris (fol. 120ʳ) ad medietatem mobilis qualis est proporcio totalis motoris ad totale mobile.

---

r. 329: maior]   magis;
r. 333: supposicionem]   conclusionem;
r. 338: hoc intenditur]   est propositum.
r. 340: idem mobile]   *b*;
r. 348: velocitatum]   velocitate;
r. 357: secundam]   terciam;
r. 363: proporcionibus]   partibus;
r. 370/371: talis est ... mobile]   semper est equalis proporcio motoris ad mobile respectu medietatis motoris et medietatis mobilis et tocius motoris et tocius mobilis;

Sexta conclusio: si fuerit potencie motoris ad suum mobile proporcio maior quam dupla, eadem potencia ⟨motoris⟩ movebit medietatem mobilis minus quam in duplo velocius.

Patet nam sit ⟨a⟩ potencia motiva sicut 6 et b suum mobile sicut 2 et c medietas mobilis sicut unum, tunc quia proporcio a ad c componitur ex proporcione a ad b et b ad c et ex a ad b proporcione tanquam ex parte maiori et ex proporcione b ad c tanquam ex ⟨parte⟩ minori, sequitur eandem proporcionem esse minus quam duplam ad proporcionem a ad b et per consequens velocitatem ex ea provenientem ad velocitatem provenientem ex proporcione a ad b esse minus quam duplam.

Septima conclusio: si fuerit potencie motoris ad suam resistenciam proporcio minor quam dupla, eadem potencia movebit medietatem illius mobilis plus quam in duplo velocius.

Patet nam tunc proporcio motoris ad resistenciam medietatis mobilis est maior quam dupla ad proporcionem totalis motoris ad totale mobile cuius deduccio patet in numeris: si a potencia motiva sit sicut 6 et b suum mobile sicut 4 et c medietas ⟨mobilis⟩ sicut duo.

Octava conclusio: si fuerit potencie motoris ad suum mobile proporcio maior quam dupla, eadem potencia duplicata movebit idem mobile minus quam in duplo velocius.

Patet: si ⟨a⟩ potencia sit sicut 6 et b suum mobile sicut 2 et sit potencia duplicata c sicut 12, tunc quia proporcio c ad b est minor quam dupla ad proporcionem a ad b, sequitur eciam velocitatem unius esse minorem quam duplam ad velocitatem alterius, unde proporcio 12 ad 2 est minor quam dupla ad proporcionem 6 ad 2 sicut ex tercia supposicione facile deducitur.

Nona conclusio: si fuerit potencie motoris ad suum mobile minor quam dupla proporcio, eadem potencia duplicata movebit idem mobile plus quam in duplo velocius.

Patet nam sit a potencia motiva sicut 4 et b suum mobile sicut 3 et c potencia duplicata sicut 8, tunc quia proporcio c ad b est maior quam dupla ad proporcionem a ad b sicut patet per primam et terciam supposicionem, sequitur eciam velocitatem qua c movet b esse magis quam duplam ad velocitatem qua a movet b stante quarta conclusione principali.

Decima conclusio: quod si a et b motores divisi moveant c et d mobilia divisa ⟨ipsi aggregati movebunt mobilia aggregata⟩ equali velocitate. ⟨Exempli causa: sit⟩ a ⟨motor⟩ ut 4, c mobile ut 2 et b ⟨motor⟩ ut 8, d mobile ut 4, a et b motores aggregati movebunt c et d mobilia aggregata equali velocitate.

Probatur, nam semper in tali casu eadem est proporcio aggregati ex motoribus ad aggregatum ex mobilibus, qualis erat proporcio motorum divisim acceptorum ad sua mobilia divisim accepta. Sed diceres: bene secundum hoc sequitur quod si gravitas moveret suum mobile aliqua velocitate et levitas suum mobile equali velocitate quod gravitas et levitas ⟨aggregate⟩ moverent sua mobilia aggregata equali velocitate. Respondetur quod conclusio debet intelligi de motoribus et mobilibus eiusdem racionis, sed sic non est de gravitate et levitate.

Undecima conclusio: si a moveat c aliqua velocitate et b moveat d inequali velocitate, tunc a et b aggregata movebunt c et d aggregata quadam velocitate media ⟨inter velocitatem⟩ qua a movet c et velocitatem qua b movet d. Patet: sit a sicut 6 et c suum mobile sicut 3 et sit b sicut 4 et d suum mobile eciam sicut 3, tunc patet si aggregantur a et b, sunt sicut 10 et si aggregantur c et d, sunt sicut 6, modo 10 ad 6 est quedam proporcio media inter duplam et sesquiterciam, quales erant proporciones motorum seorsum acceptorum ad mobilia seorsum accepta quare maior una ⟨et minor alia⟩.

(Fol. 120ᵛ) Nunc restat videndum penes quid attenditur velocitas in motu tanquam

---

r. 384: a]   autem;
r. 390: proporcionem]   velocitatem;
    : facile deducitur]   faciliter patet intuenti;
r. 397: divisi]   divisim;
    : divisa]   divisim;
r. 413: sesquiterciam]   sesquialteram;

penes ⟨effectum⟩ et primo de motu locali, secundo de motu augmentacionis, tercio de motu alteracionis.

Quantum ad primum primo de motu locali recto sit prima conclusio: velocitas motus localis recti attenditur penes spacium descriptum verum vel ymaginatum in tanto vel in tanto tempore.

Probatur per quid nominis velocioris positum in 6° Physicorum: velocius movetur quod in equali tempore plus pertransit de spacio vel quod in minori tempore plus vel equale pertransit de spacio.

Secunda conclusio: velocitas in motu locali recto non attenditur penes spacium corporale pertransitum in tanto vel in tanto tempore.

Probatur nam si sic, sequitur quod medietas alicuius mobilis moti motu recto non ita velociter moveretur sicut suum totum, hoc ⟨est⟩ falsum. Consequencia probatur ex eo quod spacium corporale describeret minus in duplo in equali tempore ⟨medietas⟩ quam suum totum.

Tercia conclusio: nec velocitas in motu locali ⟨recto⟩ attenditur penes spacium superficiale pertransitum in tanto vel in tanto tempore.

Probatur per eandem racionem.

Quarta conclusio: quod velocitas in motu locali recto attenditur penes ⟨spacium⟩ lineale descriptum ab ipso mobili in tanto vel in tanto tempore.

Probatur nam attenditur penes spacium per primam conclusionem, sed non corporale per secundam nec superficiale per terciam, ergo ⟨relinquitur quod penes spacium⟩ lineale per quartam cum omne spacium sufficienter sit divisim in corporale, lineale et superficiale.

Quinta conclusio: dicta velocitas non attenditur penes totale spacium lineale existens inter terminum a quo et terminum ad quem.

Probatur nam si essent due trabes inter duos parietes quarum una esset longior alia in multo, sicut in triplo, quod secundum earum extrema ex una parte tangerent unum illorum parietum et moveantur de uno pariete in alium donec secundum alia duo extrema earum tangant alium parietem ⟨in equali tempore, tunc⟩ ille due trabes equalia spacia linealia intercepta inter terminos a quo et ad quem descripsissent et tamen sicut patet ex communi modo loquendi non diceremus ⟨eas⟩ esse equevelociter motas, ymo minorem velocius motam et longiorem tardius.

Sexta conclusio: dicta velocitas non attenditur penes spacium lineale descriptum a puncto mobilis velocissime moto.

Probatur nam sit unum mobile *a b c* et moveatur de uno termino ad alium terminum et maneant *a* ⟨et⟩ *c* puncta extrema equaliter distancia ab invicem et ulterius ponatur ad ymaginacionem quod *b* punctus appropinquet versus *c* punctum in tantum quod illud corpus *a b c* movetur, tunc clarum est quod *b* punctus velocius movetur quam *a* vel quam *c* et tamen non ⟨dicimus⟩ propter hoc ⟨corpus⟩ *a b c* esse velocius motum quam si *b* punctus non appropinquasset puncto *c*.

Secundo si Socrates et Plato moveantur ab aliquo termino ⟨a quo⟩ ad aliquem terminum ad quem in eodem tempore et versus finem motus Socrates extendat bracchium suum et Plato non, tunc aliquis punctus in Socrate maius spacium ⟨lineale⟩ descripsit quam aliquis punctus in Platone et tamen ex communi modo loquendi in tali casu diceremus eos esse equevelociter motos.

Septima conclusio: velocitas motus localis ⟨recti⟩ attenditur penes spacium lineale verum vel ymaginatum descriptum a puncto medio vel equivalenti corporis moti in tanto vel in tanto tempore. Et notanter dico vel equivalenti quia si fieret rarefaccio vel condempsacio ipsius mobilis non maneret idem punctus medius nisi secundum equivalenciam.

Probatur nam dicta velocitas attenditur penes spacium lineale sicut dicit quarta conclusio, sed non penes spacium lineale totale interceptum inter terminum (fol. 121ʳ) a quo et terminum

---

r. 426: ita]   ita cito;
r. 460: equivalenti]   equali;

ad quem sicut dicit quinta conclusio nec penes spacium lineale descriptum a puncto velocissime moto ipsius mobilis, sicut dicit sexta conclusio, ideo relinquitur quod penes spacium lineale descriptum a puncto medio vel equivalenti ipsius. Sed diceres: consequencia fuerit, ⟨sint⟩ duo gravia equaliter distancia a centro et in equali tempore descendant usque ad centrum, unum tamen illorum per lineam rectam ut per cordam alicuius arcus ⟨et⟩ reliquum per lineam curvam ut per arcum, illa duo mobilia ⟨in equali tempore⟩ inequalia spacia ⟨linealia⟩ describunt et tamen equevelociter moventur, ⟨probatur⟩ quia equevelociter descendunt. Respondetur negando quod equevelociter moventur, ymo illud quod motum est per arcum velocius est motum quam ⟨illud quod est⟩ motum per cordam. Et quando dicebatur ⟨quod⟩ equevelociter descendunt, ⟨concedo, sed nego consequenciam:⟩ ergo equevelociter moventur, unde quia descensus cognotat ultra motum quia penes aliud mensuramus descensum et penes aliud motum.

Pro quo fit octava conclusio: quod velocitas descensus attenditur penes spacium lineale mensurans appropinquacionem mobilis ad centrum descriptum a puncto medio vel equivalenti ipsius mobilis in tanto vel in tanto tempore et quia omne tale spacium lineale est rectum, patet: sive mobile per lineam rectam descendat sive per curvam semper eius descensus mensurandus est et attendi debet penes spacium lineale rectum.

Probatur conclusio ex communi modo loquendi, enim dicitur: grave tantum distare a centro quantum distat punctus eius medius ab eodem capiendo illam distanciam per lineam breviorem puta per rectam et si sic, videtur eciam quod descensus velocior vel tardior debet attendi penes appropinquacionem maiorem vel minorem puncti medii vel equivalentis ipsius mobilis factam in tanto vel in tanto tempore. Ex isto bene sequitur: aliqua duo mobilia equevelociter descendere et ⟨tamen⟩ inequevelociter moveri sicut clare patet per instanciam factam immediate ante octavam conclusionem, et sicut dictum est de descensu ita suo modo dicendum est de ascensu que est versus circumferenciam.

De motu circulari sit prima conclusio: velocitas motus circularis attenditur penes spacium pertransitum in tanto vel in tanto tempore.

Secunda conclusio: quod illud spacium nec est corporale.

Tercia ⟨conclusio⟩: quod nec superficiale.

Iste tres conclusiones probantur sicut erant probate de motu locali recto. Ex quibus sequitur quarta conclusio: quod illud spacium est lineale.

Quinta conclusio: dicta velocitas non attenditur penes ⟨spacium⟩ lineale descriptum a puncto medio semydyametri ipsius mobilis sicut vult una opinio.

Probatur nam aliquando aliquid movetur circulariter quod sic se habet quod medius punctus semydyametri non est in illo corpore moto circulariter sicut patet de orbe moto circulariter, modo non est verisimile quod velocitas alicuius mobilis debeat attendi penes spacium descriptum ab aliquo puncto qui non est in ipso.

Sexta conclusio: dicta velocitas non attenditur penes spacium descriptum lineale a puncto ⟨medio⟩ inter superficiem concavam et convexam sicut voluit alia opinio.

⟨Probatur⟩ nam si sic, sequitur ⟨quod⟩ si fieret condempsacio corporis orbicularis versus convexum, convexo remanente et non recedente plus a centro, quod ex hoc idem corpus orbiculare velocius moveretur motu circulari, sed hoc est inconveniens. Consequencia tenet propter hoc quod tali condempsacione facta oportet capere punctum medium inter concavum et convexum plus distantem a centro quam ante et per consequens tunc maius spacium lineale sive maior circumferencia describeretur a tali puncto medio quam prius et per consequens (fol. 121ᵛ) tunc illud corpus orbiculare velocius movetur et consimiliter ⟨ex hoc sequeretur quod⟩ si fieret rarefaccio corporis orbicularis sic quod concavum plus appropinquaret centro,

---

r. 503: alia]   aliqua;
r. 505: convexum]   convexam;
r. 511: appropinquaret]   elongaretur a;

convexo tamen manente sicut prius, corpus orbiculare tardius moveretur propter hoc quod tunc punctum ⟨medium⟩ inter concavum et convexum oportet capere minus distantem a centro quam ante et per consequens minorem circumferenciam describeret quam ante.

515 Septima conclusio: velocitas dicta attenditur penes spacium ⟨lineale⟩ descriptum verum vel ymaginatum a puncto velocissime moto ipsius mobilis in tanto vel in tanto tempore.

Probatur nam mobile movetur ita velociter sicut aliqua eius pars ⟨movetur⟩ sicut patet ex communi modo loquendi, ergo velocitatem eius debemus mensurare per spacium lineale verum vel ymaginatum a puncto eius velocissime moto descriptum. Similiter dicta velocitas 520 non attenditur penes spacium lineale descriptum a puncto tardissime moto quia non dicimus mobile ita tarde moveri sicut aliqua eius pars nec eciam penes spacium descriptum a puncto medio sicut patet ex dictis, ⟨relinquitur⟩ ergo ⟨penes spacium descriptum⟩ a puncto velocissime moto. Et notanter dico in conclusione verum vel ymaginatum propter ultimam speram que non describit spacium verum, sed solum ymaginatum. Sequitur ex conclusione quod caput 525 hominis movetur velocius pedibus eiusdem. Patet nam maiorem lineam arcualem describit in aere motu continuo quam pedes circa terram. Sed dubitaret aliquis circa conclusionem: si conclusio esset vera, sequitur quod si alicui rote addereturaliquod longum lignum quod ex hoc illa rota moveretur velocius, sed hoc est falsum. Respondetur quod conclusio debet intelligi de motu corporis circularis perfecte sperici, modo tale non esset aggregatum ⟨ex ista 530 rota⟩ et ligno sibi addito.

Secundo posito quod due potencie moveant circulariter duo mobilia sperica ex eadem proporcione quorum tamen corporum spericorum unum sit maius altero, tunc quero utrum ille due potencie revolvunt illa duo mobilia in equali tempore vel non. Si sic, sequitur quod ab equalibus proporcionibus proveniret inequalis velocitas, nam illa potencia que revolvit 535 maius mobile, velocius videtur movere propter hoc quod punctus velocissime motus sui mobilis maius spacium lineale describit in equali tempore. Si autem dicatur quod non revolvunt sua mobilia in equali tempore, hoc iterum non videtur verum cum ⟨ponatur quod⟩ ad sua mobilia habeant equales proporciones. Respondetur, quod non revolvunt sua mobilia in equali tempore, unde potencia que movet mobile minus in quantitate, cicius revolvit suum 540 mobile et in eodem tempore in quo revolvitur minus mobile, alia potencia movet suum mobile in tantum quod spacium lineale descriptum a puncto eius velocissime moto ⟨est equale spacio lineali descripto a puncto velocissime moto⟩ corporis minoris complete revoluti, quod pateret si ambo illa spacia rectificarentur nec ex hoc a proporcionibus equalibus provenit inequalis velocitas.

545 Octava conclusio: velocitas circuicionis attenditur penes angulum descriptum circa axem vel centrum quod circuitur in ordine ad tempus ita quod ⟨si⟩ duo mobilia circuirent eundem axem et in equali tempore equales describerent angulos, circa ipsum equaliter dicerentur circuire et si inequales inequaliter.

Ista conclusio patet per communem modum loquendi astrologorum. Et sciendum est 550 quod talis velocitas circuicionis semper est incomparabilis velocitati motus recti et eciam velocitati motus circularis propter hoc quod angulus et linea sunt omnino incomparabiles. Ex conclusione sequitur: si spera lune et spera solis in eodem tempore revolverentur equevelociter, ⟨tunc equevelociter⟩ circuirent licet non equevelociter moverentur propter hoc quod equales describerent (fol. 122ʳ) angulos in eisdem temporibus circa axem mundi licet punctus

---

r. 518: ergo] modo;
r. 531: due] ille;
r. 534: proporcionibus] potenciis;
   velocitas] effectus;
r. 539/540: suum mobile] illud;
r. 543: pateret] faceret;
r. 547: circa] equaliter circa;
r. 550: semper] simpliciter;

velocissime motus spere solis maius spacium lineale describeret quam punctus velocissime motus spere lune in eodem tempore.

De motu augmentacionis sit prima conclusio, quod eius velocitas non attenditur penes quantitatem acquisitam absolute in tanto vel in tanto tempore.
Probatur nam ponitur quod in aliquo tempore uni parve herbe acquiratur quantitas digitalis per augmentacionem et eciam uni magne arbori in eodem tempore equalis quantitas per augmentacionem acquiratur, tunc illa duo sunt inequevelociter aucta propter hoc quod augmentacio parve herbe est sensibilis et augmentacio magne arboris insensibilis, non obstante quod in eodem tempore utrique est acquisita digitalis quantitas per augmentacionem. Ex hoc concluditur quod per augmentaciones inequales bene acquirantur quantitates equales in eodem tempore. Secundo dato opposito conclusionis sequitur quod non posset esse aliqua augmentacio uniformis quoad partes subiecti. Consequencia tenet ex hoc quod semper in augmentacione maior acquiritur quantitas toti quam alicui eius parti.

Secunda conclusio: velocitas augmentacionis non attenditur penes proporcionem quantitatis acquisite ad quantitatem preexistentem.

Nam si sic, sequitur quod possent esse due augmentaciones quarum una non esset velocior alia nec tardior nec equevelox. Probatur nam posito quod *a* corpus pedale augeatur in hora acquirendo sibi quantitatem pedalem sic quod in fine hore fit bipedale et similiter *b* corpus pedale augeatur in eadem hora acquirendo sibi quantitatem bipedalem sic quod in fine hore fit tripedale, tunc probo quod dato opposito conclusionis dicte augmentaciones non sunt ad invicem comparabiles, nam in augmentacione ipsius *a* proporcio quantitatis acquisite ad quantitatem preexistentem est proporcio equalitatis, sed in augmentacione ipsius *b* ⟨proporcio⟩ quantitatis acquisite ad ⟨quantitatem⟩ preexistentem est proporcio maioris inequalitatis, modo proporcio equalitatis et ⟨proporcio⟩ maioris inequalitatis non sunt ad invicem comparabiles, ergo si proporcio dictarum augmentacionum esset sicut proporcio proporcionum quantitatum acquisitarum ad quantitates preexistentes sequitur dictas augmentaciones similiter non esse ad invicem comparabiles et per consequens ⟨una⟩ earum non esset velocior nec tardior alia nec equevelox.

Tercia conclusio: velocitas in motu augmentacionis attenditur penes proporcionem compositi ex quantitate preexistente et acquisita ad preexistentem semper in ordine ad tempus.
Verbi gracia si *a* pedale per augmentacionem acquireret sibi in hora pedale et *b* pedale in eadem hora duo pedalia, tunc in augmentacione ipsius *a* proporcio compositi ex preexistente et acquisito ad preexistens solum esset dupla, sed in augmentacione ipsius *b* proporcio compositi ex preexistente et acquisito ad preexistens solum esset tripla, modo in qua proporcione se habet tripla ad duplam in tali proporcione se habet augmentacio ipsius *b* ad augmentacionem ipsius *a*.

Probatur conclusio, nam velocitas augmentacionis attenditur penes quantitatem acquisitam absolute in tanto vel in tanto tempore vel penes proporcionem quantitatis acquisite ad ⟨quantitatem⟩ preexistentem vel penes proporcionem compositi ex quantitate preexistente et acquisita ad preexistentem. Non primum fit sicut dicit prima conclusio nec secundum sicut dicit secunda ⟨conclusio⟩, ergo relinquitur ultimum quod est tercia conclusio. Ex ista conclusione sequitur quod si rarefaccio, que est augmentacio improprie dicta, debet esse uniformis, oportet motum localem punctorum rarefactibilium esse difformem ita quod si rarefaccio

---

r. 559: aliquo]   hoc;
r. 560: eodem]   equali;
r. 562: insensibilis]   non;
r. 580: preexistentes]   predictas;
r. 584: semper]   solum;
r. 597: rarefactibilium]   rarefactorum;

sit uniformis, oportet quod quilibet punctus rarefactibilis intendat motum suum et si motus punctorum localis esset uniformis, rarefaccio esset difformis.

600 (fol. 122ᵛ) De motu alteracionis est sciendum quod in alteracione duplex ymaginatur successio videlicet secundum extensionem et secundum intensionem. Exemplum primi sicut si aliquid dealbaretur primo secundum unam eius partem secundo secundum aliam; exemplum secundi sicut si aliquid dealbaretur primo remisse deinde intensius.

Tunc sit prima conclusio: intensio est magis propria alteracioni quam extensio.

605 Probatur nam alteracio potest ymaginari sine successione extensionis, non autem sine successione intensionis. Patet nam ymaginabile est quod aliquod alterans ibi simul secundum omnes suas partes equaliter alteretur primo remisse, postea intensius. Similiter in intensione accidencium in anima, que est quedam alteracio, non est successio secundum extensionem, cum anima intellectiva est indivisibilis, licet ibi bene sit successio secundum intensionem.

610 Secunda conclusio: velocitas alteracionis non attenditur penes qualitatem acquisitam in ordine ad subiectum in tanto vel in tanto tempore sic videlicet quod illa alteracio sit velocior qua acquiritur equalis qualitas in eodem tempore in maiori subiecto.

Patet nam secundum precedentem conclusionem hoc est accidentale alteracioni, unde secundum hoc intensiones duorum accidencium in duobus intellectibus indivisibilibus non 615 essent ad invicem comparabiles in velocitate et tarditate ⟨ex quo non habent extensionem⟩ quod est inconveniens. Secundo quia si equus magnus alteraretur in hora ad gradum summum albedinis a non gradu, similiter una faba in eadem hora, nullus diceret quin ille alteraciones essent equeveloces, licet istarum duarum alteracionum una esset acquisita in maiori ⟨subiecto⟩ et alia in minori in eodem tempore.

620 Tercia conclusio: velocitas ⟨in motu⟩ alteracionis non attenditur penes proporcionem qualitatis acquisite ad qualitatem preexistentem nec penes proporcionem aggregati ex qualitate acquisita et preexistente ad preexistentem solum in tanto vel in tanto tempore.

Probatur quia si caliditati sicut unum acquiritur caliditas sicut duo et caliditati sicut 4 acquiritur caliditas sicut 8 in eadem hora, tunc licet utrobique sit eadem proporcio ⟨qualitatis⟩ 625 acquisite ad preexistentem et similiter aggregati ex acquisita et preexistente ad preexistentem solum, non tamen ille alteraciones sunt equeveloces propter hoc quod per unam illarum plus acceditur ad gradum summum quam per aliam.

Quarta conclusio: velocitas in motu alteracionis attenditur penes qualitatem acquisitam absolute in tanto vel in tanto tempore.

630 Verbi gracia: ut si duobus subiectis sive equalibus sive inequalibus in eadem hora acquirantur equales qualitates, ista essent equevelociter alterata, si vero inequales inequevelociter. Probatur conclusio: velocitas alteracionis vel attenditur penes qualitatem acquisitam in ordine ad subiectum et hoc non per secundam conclusionem vel penes proporcionem qualitatis acquisite ad preexistentem vel penes proporcionem aggregati ex qualitate acquisita et pre-635 existente ad preexistentem solum et hoc non per terciam conclusionem, ergo relinquitur quod penes qualitatem acquisitam absolute in tanto vel in tanto tempore et hoc dicit ⟨quarta⟩ conclusio. Ex ista conclusione diligens inquisitor plura potest inferre correlaria de quorum illacione supersedeo causa brevitatis et sic est finis huius tractatus.

Explicit bonus tractatus de proporcionibus datus a magistro Alberto de Saxonia scriptus 640 per manu Johannis de Routuria anno domini millesimo trecentesimo nonagesimo sexto finitus die quinta mensis novembris.

---

    r. 599: difformis]   uniformis;
    r. 608: accidencium]   assensus;
    r. 612: subiecto]   corpore;
    r. 614: accidencium]   assensuum;
    r. 621: aggregati]   acquisiti;

GPSR Compliance

The European Union's (EU) General Product Safety Regulation (GPSR) is a set of rules that requires consumer products to be safe and our obligations to ensure this.

If you have any concerns about our products, you can contact us on

ProductSafety@springernature.com

In case Publisher is established outside the EU, the EU authorized representative is:

Springer Nature Customer Service Center GmbH
Europaplatz 3
69115 Heidelberg, Germany

www.ingramcontent.com/pod-product-compliance
Ingram Content Group UK Ltd.
Pitfield, Milton Keynes, MK11 3LW, UK
UKHW022233230426
12048UKWH00017BA/1227